福祉の仕事で35年働き
東電の原発事故で人生が変わってしまった
菅野みずえさんのお話

まえがきにかえて

アイリーン・美緒子・スミス

この冊子のお話は、あの時の三月十日を越えた、私たちとは違ってしまった三月十一日からの世界です。原発問題はいつも「推進」「反対」に分けられていますが、この菅野みずえさんのお話は違う分け方を問い掛けているように感じます。

住民の体験を聞くことから、私は原発問題を知るようになりました。一九七九年三月、世界で初めての商業原発の大事故、スリーマイル島原発事故が米国ペンシルバニア州で起こり、現地に当時のパートナーの中尾ハジメと半年間住民の話を聞いたのがきっかけでした。そこには、ニュースとか政府の調査報告にはゼロと言ってよいほど記録されていない住民の体験がありました。金属性の味、さまざまな皮膚の感覚、細かい灰のようなもの。鳥がいなくなった、植物の変化が起こった、など。鳥を愛する人は鳥に気付き、植物が大好きな人は植物、獣医は家畜とペット、農家のおじいさんは畑に蛇がいなくなったことに気付く。「気付き」は愛情なのだと分かりました。そして、各自の経験・体験はエンパワーメントなのです。「原発問題の専門家」にも、誰にも打ち消されないこのボイス（声）こそが、住民の宝なのです。

今、原発の是非を語る言葉はほとんど行政・技術・企業・「専門家」の言語です。しかし、影響を受けるのは人々、生活、子孫、文化、自然。男性より女性のほうが放射性物質の健康被害を受け、大人より子どものほうがはるかに受ける。本来は、一番被害を受ける女の子の赤ちゃんが、原発の是非について発言権が誰よりもあるはずです。住民のほうがこの問題の「専門家」なのです。

菅野みずえさんのお話に接し、お気付きになったことを是非お知らせください。この冊子が新しい関係性、もっとみんなが繋（つな）がる世界を生み出すことを願っています。

目次

原発事故で避難するということ

福島県浪江町の津島に住んでいた

アイリーン・美緒子・スミス（以下、アイリーン）　みずえさんは、東京電力の福島第一原発の事故で、町が一斉避難した福島県の浪江町（なみえまち）に住んでいたんですよね。いつから住んでおられたんですか？

菅野みずえ（以下、みずえ）　浪江町の津島（つしま）という地区に、２００８年の夏、７月から住んでいました。

浪江町は夫の実家がある町です。

　夫は９人兄弟の一番下で、結婚した時にお義母さんから「夏休みに毎年1週間帰ること。そうすればどこに連れていってもいい」って言われて、所帯を別の地域で持ったんです。だから、夏休みには毎年1週間、浪江に帰っていましたし、浪江の両親の介護にも、家族で、1ヶ月間ぐらいお互いにローテーションで休みをとって行っていたので、浪江町に住むことに違和感はなかったんです。

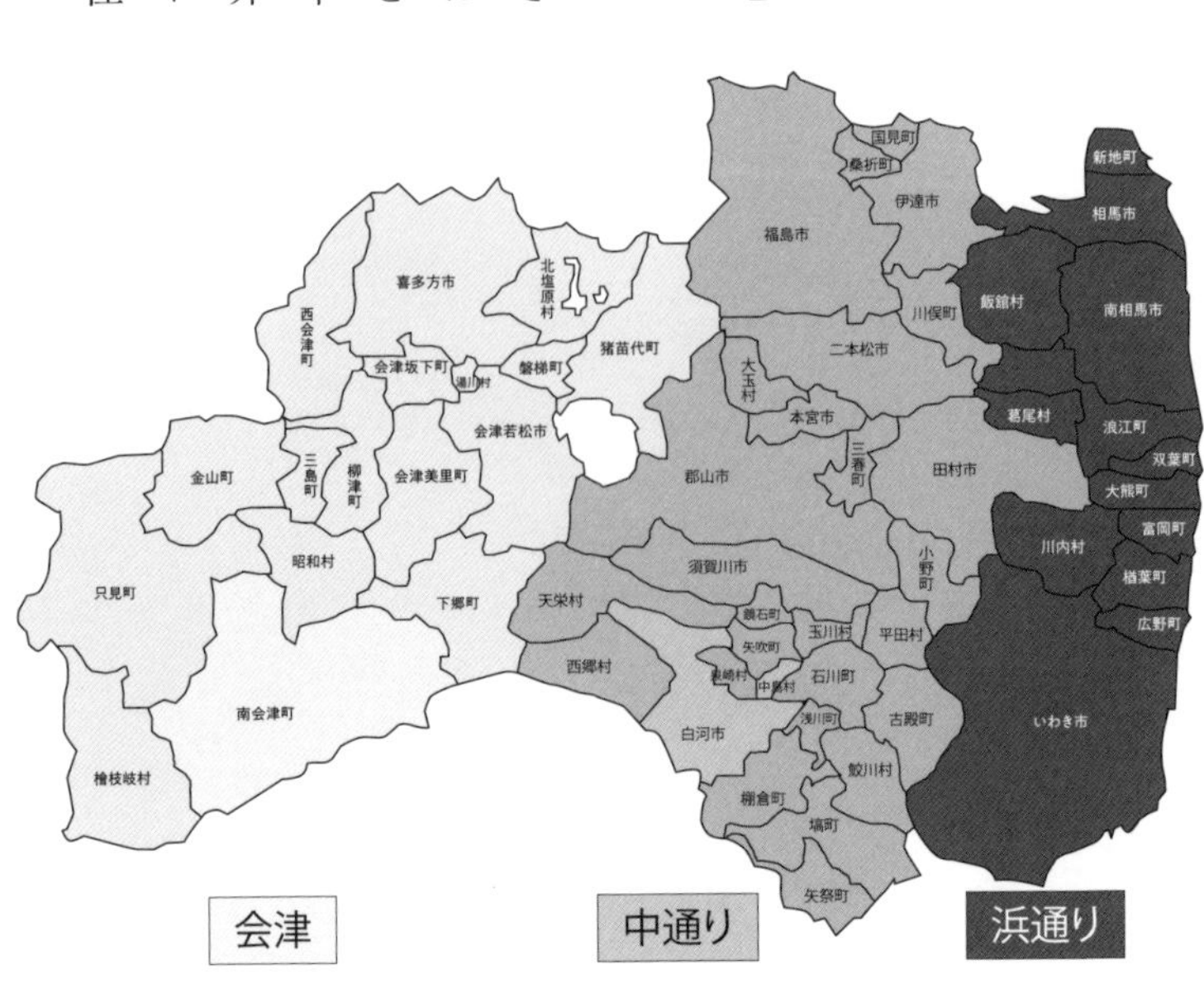

地図1：福島県

ただ、結婚した最初の頃、浪江の実家に帰る時に、原発に近づいていく国道6号線を車で進んでいったので「本当に原発銀座だな、怖いところだな」と思っていたんです。その時は私たちが実家の跡継ぎになるなんて夢にも思っていなかったのに、義兄が亡くなって家族会議で跡継ぎになることになってしまったんです。

大熊町の包括支援センターで福祉士として働いていた

みずえ　福島に来てから私が勤めていたのが大熊町（おおくままち）です。
大熊町は、事故を起こしたフクイチ（福島第一原発）の立地自治体なので、東電の職員が町役場に常駐しているような所だったんです。

アイリーン　住み始めて、すぐに仕事に就いたんですか？

みずえ　仕事に就いたのは2009年です。1年間は家の修理とかをしていました。私は福祉士なので、職安だったと思うんだけれども、たまたま福祉士枠で募集をしていた大熊町に就職しました。
大熊町は原発交付金の多くを、原発を受け入れた当初に、老人と子どもの施策に使うことを決めていたので、県下で一番、福祉施策がダントツに整っている場所だったんです。そこで虐待防止条例をまとめる人を探しているというので、この仕事がすごく嬉しいなと思ったんです。

アイリーン　通うのに何分ぐらいかかりましたか？　1週間、毎日通っていたんですか？

みずえ　家から45分です。月曜日から金曜日まで。朝は家を7時過ぎに出ました。夕方は5時に終わって帰って、6時前に家に着く、そんな感じでした。

アイリーン　その間はたとえばどこかお店に行くとか、そういうルーティンとかはありました？

地図2：「ふくしまの今が分かる新聞」71号
（福島県庁避難者支援課2019年1月22日発行）
3ページより編集作成

みずえ　大熊町に良い魚屋さんがあったので行きました。私たちは野菜も自分で作っているし、お米も自分ちにあるし、ないのは魚だけなんです。魚と肉。そこらへんでは、大熊町の中で買い物をするのがほとんどでした。あとは、休みの日にはよく請戸（うけど）港へ魚を買いに行きました。そこは東京の築地（つきじ）の方へ出荷していたんだけれども、築地へ出せないようなのはバケツ一杯５００円だったんです。だから、頭のついていない魚を食べるということはない暮らしでした。あとは浪江の町の中心部にあるスーパーにもよく行きました。

アイリーン　住んでいる時から事故までに「わー、原発すごく近いわ」という印象があったのと、あと何か記憶に残っていることはありますか？

みずえ　記憶に残っているのは、原発からの排水がすごく熱いらしいんですよね。なので、そこにはものすごく魚が大きいのがいたんです。原発の構内へ入っちゃいけないんだけども、でもそこは海沿いでみんなが入って魚釣りをしていた。というのと、時々「変な魚がいる」というのを聞きました。

アイリーン　聞いたんですね？　魚を見たとか、そういうのはなくて、そういうお話を聞いたと。

みずえ　自分で見たのではないです。それは私が包括支援センターという、老人の方がよくいらっしゃる所で働いていたので、そこでそんな話を聞きました。「あそこにはすごく大きな魚がいるけど、やっぱり原発の排水液だから形の変わったやつもいるんだ」という話は聞いていました。

東日本大震災・東電福島第一原発事故の前後のこと

アイリーン　事故の日のことですが、事故が起こったというのはどういうふうに知りましたか？　地震があった前後は何をしていたのか、そしてどうやって事故を迎えたのか。

みずえ　２０１１年3月11日、東日本大震災の当日は、大熊町の包括支援センターで働いていました。ちょうどその日は、わりとスタッフが多かったんです。

大熊町というのは、高齢者や子どもの支援などにお金を投入していたので、ハコモノはあまり造らない。そういう所だったので「シングルマザーになったら大熊町に住もう」というような、そんな所でした。子どもの医療費が中学校まで無料だったりする。それからとても素敵な図書館がありました。蔵書も多くて。町は全体に過ごしやすい。気温がいいんです。冬もマイナス２～３℃ぐらいまで下がるか下がらないかで、夏は涼しくて、住みやすい。いつも海風が吹いて、果物栽培が盛んでした。キウイとか梨とかがとても豊かでした。柚子もすごくたわわに実っている。福島県では柚子ってあまり生らないんです。福島県の海沿い、浜通り（はまどおり）は本当に自然が豊かでした。

老人政策が良くて、健診体制も整っていたし、そういう点ではお年寄りが底抜けに明るい所でした。老後に不安を持っていない。元々、浜通りは明るいんですけれど、本当に明るい所でした。

ちょうど地震が起きたその時間帯は、スタッフが事務所にはほとんどいなくて、建物内で開かれていた精神疾患の方のためのデイケアに多くのスタッフが行っていました。事務所には私と若い保健師だけが残っていました。地震が起きたちょうどその時は、パソコンが新しく入ったばかりだったのと、住基ネットのパソコンがあったので、緊急時にそれが壊れていては大変だというので、必死になってそれを支えていました。

アイリーン　それはどのような機械だったんですか？

みずえ　住基ネットのは普通のパソコンなんですけど、画面が非常に大きいものでした。またパソコンが新しく変わったばっかりだったので、これを使い物にならなくしちゃったら大変だな、ぐらいに思っていました。最初の揺れは、公園の遊園地に船の遊具があるでしょう？　ああいうのにゆっくり揺られている感じでした。

それから、それがいつ終わるとも分からないぐらいに揺れだして、とても支えているどころではなくて。天井に埋め込み型のクーラーがあったんですが、それがボコボコ落ちてくる。それから、カウンターの戸は吹っ飛んだ。若い保健師のスタッフはうずくまって、もう動けなくなってしまって。その頃には本当に揺れが激しくなりました。どんどん物が飛んでくる状態で。私は彼女をかばって、上に覆いかぶさっていたんですけれど、花瓶は飛んでくるし。すごくよかったのは、職場のパソコンは、耐震のジェルみたいなのがあるでしょう？　耐震マット。それに乗っていたので、全然ひっくりかえらなかったです。あれだけの揺れを吸収して。

アイリーン　住基ネットのほうはどうなったんですか？

みずえ　倒れてました。支えられなくて。もう、すごくて、食器棚の食器がどんどん割れて飛び出していく音が聞こえてました。

あとは、精神疾患のデイケアの利用者の人たちの叫び声ですね。ちょっと揺れが収まった時に、とにかくこのままじゃだめだから、みんなを外に出さなきゃ、ということで、外へ連れて出ました。

アイリーン　その場には何人いたんですか？

みずえ　あの時はおよそ10人ぐらいです。建物から、施設の大きな駐車場へ出て、丸く円を組んで、みんなで手を握り合っている状況でした。不安定になるので。

雷が鳴って、吹雪がすごくなったんです。上着をとにかく取りに入らなきゃいけないというので、揺れの合間に、私がみんなの上着を取りに入って。その時、若いスタッフは「もし建物が壊れて、車イスが取り出せなくなるから、建物の下敷きになっちゃったら大変だ」と、一所懸命出しに戻ったんです。

吹雪いてきたので、それを防ぐ風よけのために、駐車場の端にあった自転車置き場にブルーシートを張って、そこにみんなを寄せようとしたんですけれど、地面が割れていくんです。駐車場の地面が稲妻状に割れていくんです。そして割れて開いていく。それは利用者の皆さんにとってはすごい恐怖で、自分の立っている足元から本当に割れていったんです。そこへ足を落とし込まないように、とにかく支えようとか、そんな感じで、とにかくみんなに安定して座ってもらっているのが大事でした。

その自転車置き場の所も「ひょっとして倒壊したら、大変なことになるよね」っていうので、結局、駐車場の割れていない真ん中にみんなで立っていました。

アイリーン　吹雪というのはどういう感じだったんですか？

みずえ　すごかったです。横殴りの吹雪でした。浜通りは3月、4月の雪が多いんです。重たい雪が。でも、あんなふうに突然雪が降ることはなかったです。すごい雷でした。稲光がすごかったし、雷は鳴るし。その雷が収まるか収まらないかという時に吹雪になったんです。

　大きな駐車場の、道を挟んだ前の家の瓦が、揺れるたびにザザーッと流れて落ちてきて、そして走って行く車を直撃しているんです。「利用者の人たちにこんなのを見せていたらあかん」というので、その人たちに、道を背にして立ってもらっていたことは覚えています。

アイリーン　見ないように。

みずえ　はい。そういう恐怖な場面って見てほしくないなと思ったし、体験だけで怖いのに、そういうのを見るとずっとトラウマに残っちゃうんじゃないかなと。でも、そこかしこがそういう状態で、家が傾いていくとか、そういう状況なので、本当にみんな耳をふさいでうずくまりたいんだけど、うずくまってしまったら、もし何かあった時に逃げられないので、とにかくみんなで「立っていよう」って言っていました。地面がどこで割れるか分からないし。いつでもどこかへ逃げられるような形しかないだろうなと思って、立ってました。

アイリーン　はじめに揺れを感じた時から、そうやって駐車場の真ん中の所で立っていたのは、だいたいどのぐらいの時間でしたか？

みずえ　揺れ始めた最初の時から数えたら、駐車場に立つまでには12分経っていました。とにかく、時間を見たんです。何時何分って。瓦が落ちるのが見えないように背を向けるまでにはもうちょっと間があったんですけど。あの時、いくつもいくつも大きな余震が来たような覚えがあります。あとで聞いたら、私が家に帰るまでに、４００回以上もの余震があったのだそうです。

3月11日の夜、稲妻のように地割れした道を運転して浪江に戻った

みずえ　大熊町の包括支援センターに、近所の皆さんが「避難させてほしい」というのを言ってこられたんですね。怖くて、家にも居れないし。そうしている間に津波で集会所がひとつ持っていかれたという情報が入りました。すぐに停電して電話回線も途中で切れてしまったので、非常の無線とか携帯とかで、町と連絡を取り合っていました。

私たちは、町の利用者さんの安否確認にも出ていかなきゃいけなかったし。でもデイケアもあるし、施設にいる利用者さんのために、誰かは残っていなければならなくて、私は残る側だったんです。町に安否確認に行った人が、６号線が渋滞して戻れない。信号が全部止まってしまっているので、動けない。それから、ＪＲの線路を渡る大熊駅のところの高架が崩れて、そこは通行止めになっている。なので、避難路が限られているという情報が入っていました。

包括支援センターは町の計画で「有事の場合は死体安置所になる」ことになっていたので、地域の住民

を受け入れるわけにはいかなかったんです。とにかくありったけの毛布だとか座布団だとかを、スタッフが公民館へ運んで「ここはちょっと危ないので」ということにして、避難を受け付けなかったんです。でも、全町避難状態になってしまったので、それどころではなくて、最後は私たちのいた所にも、特別養護老人ホームの人たちも避難しなければならなくなって、そこの人たちを引き受けたようですけれども。あとでここに残って付き添った職員の人から聞いた話では、センターは床暖房も含めて全館電気暖房で、停電してすごく冷え込んだので、高齢者が低体温症でたくさん亡くなったそうです。

その頃、私は家までたいへん遠いのと、非常勤職員だったので「帰れ」って上司が言ってくれた。ここはＰＡＺ*で、原発立地の町ですから、その時には多分、原発が危ないということは、上層部は分かっていたのかなと思います。正規職員は全員が残っていました。

*ＩＡＥＡ（国際原子力機関）の国際基準により、原子力発電所で事故が発生し緊急事態となった場合に、放射性物質が放出される前の段階から予防的に避難等を開始するＰＡＺ（予防的防護措置を準備する区域）と、屋内退避などの防護措置を行うＵＰＺ（緊急防護措置を準備する区域）を設けることになっています。ＩＡＥＡの国際基準を参考に原子力災害対策指針では、ＰＡＺについては原子力発電所から概ね半径５㎞を、ＵＰＺについては原子力発電所から概ね半径30㎞を目安として、地方公共団体が地域の状況等を勘案して設定することと定められています。（出典：内閣府ホームページ）

アイリーン　でもまだ上司と菅野さんの間では原発が話題にはなっていない、知らない。

みずえ　はい、知らなかったです。このあとすぐに全町避難をすることになったんですよね。「帰れ」って言われたことの中に、そういうことも含めて、非常勤の私を先に帰したのかなと思ったんですけれども。あの時、官邸の方では関東にあるバスをチャーターして、金曜日には立地の町を全町避難させるために、原発立地の町へ向かって動かしていますから。

アイリーン　上司に帰っていいと言われたのは何時ごろなんですか?

みずえ　午後5時15分ぐらいですね。とにかくすぐ帰れと言われて、帰ったんです。

いつもは職場を出て、一部288号線を通って、双葉（ふたば）ばら園の前を通る山麓線を通って、114号線へ抜けて、自宅まで帰っていました。これが私の通勤コースだったんです。

でも当日は288号線から山麓線へ入るところで、お巡りさんが立っていて、通行止めになっていました。そのまま6号線へは通れない。ここは多分、津波でもう大変なことになっていたと思うんです。そしてお巡りさんに「双葉ばら園のところが崩落していて通れない」と言われました。なので、288号線をUターンして、ずっとこの道を通りました。大変でした。この道は原発へ抜ける道なので、地震で落ちていた大きな岩は、河川国道事務所によって横に片付けてられていましたけれど。

ここは、ずっと山なんです、全部。この道は谷に沿った山あいの道なので、高さ2mぐらいの石除けのフェンスがずっと道沿いにあるんです。余震がひっきりなしに続いていて、どんどん大きな石が落ちてきていました。そのフェンスに直撃して、上を飛び越して道路に落ちてくるんです。それをよけながら進む。それと、峠まではほとんど全部、電信柱が傾いてしまって、電線がたわんで道にかかっていたんです。

私は288号線から葛尾村に抜ける道に入りました。一旦入ったんですけれど、通れなかったんです。道がやっぱり崩落していました。で、引き返したんです。
葛尾村の脇に山道があって、津島へ抜けていく道があるんです。これを通るしかないと言われたんですけれど、そこは車一台が通れるようなやっとの道なので、もしも崩落していたら、引き返せないんです。もう、切り返す所がない。そこに私のも含めて、車が3台いました。

アイリーン　この葛尾村の所に3台車があった。菅野さんの車も含めて。

みずえ　はい。工事車両でした。工事車両2台が私の車をはさんでくれて「浪江に行くんだったら一緒に行ってやるよ。別なまだ広い峠道を知っているので、その峠道を越えて葛尾村に抜けて行こう」って言ってくれました。

アイリーン　そのまだ広いほうの峠道は、そのまま通れたんですか?

みずえ　はい。その道に行くために288号線へまた戻り、田村市船引町という所からその峠道に入りました。その峠道は、まだ広いとはいえ、雪があったために非常に狭くなっていました。
でもその道を、町を抜けて山にはいった所で、雪崩が起きていました。前の工事車両が「もう、行くぞ」って言って、雪崩れた雪の斜面を斜めになりながら走って行った。私はたまたま車高の高い車に乗っていたのと、5月の連休までは雪がいつ降るか分からないため、まだスタッドレスにしていたので、雪道を行けたんです。硬い雪なので行けたんです。雨を含んだ硬い雪。それは地震で雪崩れたんだと思うんですけれど、そこを踏み越えて行ってくれました。なので、私はその轍(わだち)をとにかく踏み外さないように必死になってついて行ったんです。後ろの車はなかなか来れなくて、車高が低くて。すごく心配していたんですけれど、とにかくついて行くしかないので、ついて行って。

アイリーン　もう一つの後ろの車は?

みずえ　はい、工事の荷物をいっぱい入れた車です。そして降りて行った道が、これ、多分地図に載っていない道なんです。載っていない細い、地元の人が通る道を越えて、葛尾村の境の少し広い道に出て、安堵しました。

この葛尾村へ入っていく道は、対面の2車線なんだけれど、地割れがしていて、道の真ん中が割れていたんです。やはり同じように稲妻状態で、私の身幅ぐらい大きく開いていました。工事の人が石を投げ入れたらすごく下の方で音がしたんです。それで「ここで落ち込んだらえらいことだ」というので「地割れをタイヤで挟めば、挟んで降りて行けるから、度胸を決めろ」って言われて、稲妻状態に割れた所を挟みながら蛇行して降りて行く。

その頃はもう真っ暗で、工事の人がヘッドランプをすぐ取り出して、ヘッドランプで誘導しながら、下まで降ろしてくれました。一人だったら、私はもうどうしていいか分からなかったと思う。

アイリーン　それがここの。

みずえ　やっと県道50号線に出ることができました。葛尾村の役場の近くまで下りて、案内してくれた人は浪江の町中へ行く人だったので、ここで別れました。私は浪江の山間部の津島に帰りました。

その道はアイスバーンで、昼間のとけた分が全部凍っていて、冬場はここは通りたくない道だったんです。誰もいないし、斜面が全部凍っていて、避けようがないんです。この日は私、人生で一番運転が上手でした。

アイリーン　スタントマンみたい。

みずえ　そうそう。職場を出てからはずっとそうでした。ひっきりなしに余震が押し寄せてくるので、288号線をUターンした頃には、どんどん道が割れていっていたんです。前に通った道も余震が来るとさらに割れて、突然地面が陥没する。そこへ対向車が走ってきて、頭からガーンと落ち込んで止まる。そういう状態の所は車がつんじゃっているから、止めることもできなくて。

アイリーン　「つんじゃっている」って？

みずえ　「詰んじゃってる。」車が渋滞しちゃっているでしょう。通行止めで、みんながとにかく帰ろうとして、この道しかなかったから。みんながお巡りさんに止められて、Uターンして戻ってくるでしょう。戻ってきた人たちがみんなここで「戻れ、戻れ」って合図を送ってくれるんだけど、こちらはUターンする所がないものだから、とにかくそのまま行ったんです。それで結局、お巡りさんに戻らされたんだけど。

それで、岩は落ちてくるし、電線はたわんでいるし。どこまで電気が来ているか分からないでしょう。電線に当たったらおしまいだと思いながら、電線よけながら、同時に落ちてくる石をよけながら、すごい余震が来る中を、必死でした。あの時が人生で一番、運転がうまかったです。

私、車の中で「これってパニック映画の中に入っちゃっているんじゃないかしら」って思ってました。本当に怖かったです。

耐震リフォームしたばかりの家は地震には持ちこたえたが……

みずえ　で、津島へのアイスバーンになっている道を帰って、私の家のすぐそばの親戚の家に行ったのが20時半ぐらいでした。そこは老夫婦だったので、安否確認をして「とにかくお茶を一杯飲んでいきな」と言われて、で、話をして「まあ、よかった、よかった」って言うんで、家へ戻ったんです。

アイリーン　家には誰がいたんですか？

みずえ　戻った時には、家には「松子（マッコ、松ちゃん）」という犬がいました。息子は午後から出勤で、もう出勤している時間だったので、家にいたのは私と犬だけです。

息子からは、余震のさなか、職場の駐車場にいた時に私の安否確認をする電話がかかってきていました。その時「家はとりあえず大丈夫、これから職場に行くので、余震がひどいから、松ちゃんはドッグラン（隣の牧草地にある）に入れておく」と聞いていました。

この時、職場で携帯が通じたのは、ａｕの私だけだったんです。あとで分かったのですが、ａｕは災害対策で、被災地に直ちに中継車を配置していたので通じたんです。他はどこも通じなくなっちゃって。だから、みんな私の電話を使って安否確認したんです。とにかく大丈夫、みんな無事だから、みたいな連絡をみんなが私の電話でしてました。そのあとも、家の電話がつながらなくて、私の携帯がみんなの公衆電話みたいになっていました。Wi－Fiも潰れていました。

アイリーン　家はどんなふうになっていましたか？

みずえ　家は８ヶ月前に耐震リフォームしたばかりでした。なので、壁の中に断熱材が入っていて、地震でそれが揺れるんですね。揺れるたびに、土壁なので、土壁にヒビが入ってました。

アイリーン　リフォームしたばかり……。

みずえ　古い家なので大丈夫だったんだろうと思うんです。家自体がやじろべえのようにバランスをとる。日本の家はそういう建て方だったんですね。

でも電話が通じない。うちは光回線に変えたばかりだったので、電話線が倒れちゃったらネットもできない、何も通じない状態。持っていたのはガラケーでしょ。

電気が来ていたので、テレビは点いたんです。でもその時は津波の情報しかやっていなかったですね。原発事故についてまったく触れていなかったように思います、福島のニュースは。

アイリーン　電気が来ていたから、携帯はまた充電できたんですね？

みずえ　はい。でも、安否確認とかでみんなが一斉に使うから全然通じない。余震が、震度5とか6とかいつもだったので、すごい揺れるから、余震の間、みんな電話を「キャーッ」とか言って、やっぱりやめるでしょう？　そうすると、その間にメールがどっと来るんです、100通とか。

アイリーン　揺れている間に来るのね。

みずえ　その時に情報が入る。「原発が爆発したからすぐ逃げなさいよ」みたいな感じ。「原発が危ないよ」って。「まだ爆発していないから、これから爆発するかもしれないので、危ないわよ」って。「アメリカ軍が緊急命令を何か出している」とかいうのが切れ切れに届くんです、メールで。みんなが私のことを心配して、いろんな情報を調べてくれたみたいで、それぞれがメールを送ってくれる。でも、あの頃のメールって、文字数がそんなに多くなかったから、切れ切れに書いては送り、書いては送りという状態で、メールが数時間遅れて入って来るという感じでした。その当時の携帯は容量が小さかったので、どんどんメールが来るので、前のが押し出されて消えていく。読み切れる前に消えていく。だから全部の情報をつかみ切れていたわけじゃないんですよね。

アイリーン　一番初めに原発関係で入ったメールというのは何時頃と記憶していますか？

みずえ　全然記憶はしていないですね。「危ないよ」というのは、夜中に入りました。アメリカ軍の動きがおかしいらしいとか。それは反原発運動をやっていた友だちからそういう情報が切れ切れに入りました。

アイリーン　その情報は、どう思いましたか？

みずえ　真偽という点では、あり得ると思いました。その人が知っているかどうかというより「これだけ揺れたら原発は危ないよね」っていう意味で、そうなんだろうと思いました。

あの頃の風は、私たちからすると、海から来るよりは、山から海にまわって風が吹く、やませの嵐の方が強いので、防風林はいつも西にあって、冬の風っていうのは全部下に降りる。だから、風向きからすると、放射能は、こっちは大丈夫だろうなと単純に思っていました。

アイリーン　つまり風はどちらかというと、このシーズンは原発がある海岸からどんどん海に向かっていくということですね。

みずえ　そうそう、海に向かっていく。だから、朝方の風さえ用心すれば大丈夫かな、ぐらいに思っていました。

3月12日の朝から津島にどんどん人が避難してきた

アイリーン　浪江の家に翌朝もいたんですか？

みずえ　いました。息子は仕事がなくなったので、仕事場もすごい被害を受けてしまったので、自宅待機ということで、家に夜中に戻ってきていました。なので、地元の消防団員として動きました。

朝になるともう、町が「町内の一番山側にある津島に、全町が避難するように」という避難命令を出しましたので、津島に向かってどんどん車が来ました。浪江の役場近くに住んでいる私の友人は、断水も停電もしていて、津島に避難してきてから、近くの喫茶店に朝ごはんを食べに行ったんだけれども「全然もういっぱいで、喫茶店も入れないのよ。松本屋旅館もいっぱいで入れない」って言うので、私が「うちにいればいいいじゃないの」って言って、うちに彼女ら夫婦がやってきたんです。「いいじゃない、入って、布団もあるから大丈夫、大丈夫」って言ってたら、親戚もどんどん集まってきた。親戚にすぐ連絡をして「こっちは大丈夫、こっちに来ればいいよ」って連絡したので。そうしたら25人になったんです。

アイリーン　家にいる人はみずえさんたちを入れて、27人にもなったんですね。

みずえ　はい。うちは浄化槽は5人用なので、これは長期になったら大変だなというので、すぐにリフォームしてくれた人に連絡したら「浄化槽は急に増えても大丈夫だけど、トイレットペーパーだけは流すな」って教えてくれて、で、段ボール箱にトイレットペーパー入れを作って、そこに。

ルールをいくつか決めたんです、みんなで。遠慮しないこと。それから自己紹介しあうこと。それからトイレの使用について。風呂は全然、プロパンは大丈夫だし、替えたばっかりだったし。風呂の水は山の引水なので全然心配いらないから、風呂とかは遠慮しないでほしいというのとか。とにかく「なんとかなっぺ」という感じだったんです。

みんなで紹介しあったら、先に来ていた友人が、同じく家に来ていた私のいとこの子どもの学校の先生だったことが分かりました。別のいとこの子どもと、その友人の娘が、同級生だということも分かったりして、うちの親戚となんとなく打ち解けて。親戚の家族は、いとこが4人、いとこの子どもたちの家族。それから、その子どもたち。そのいとこの子どものお友だち夫婦、そのお友だちの同じマンションの人、みたいな感じで。

アイリーン　その方たちは家が潰れてしまったんですか？

みずえ　いえ、町が原発事故で全町避難を言ったので避難してきたということで、家はだいたい大丈夫でした。でも、いとこの娘の家族は津波で家を失って、夫の両親が行方不明になっていました。

アイリーン　町がというのは、どこが全町避難になるんですか？

みずえ　浪江町は、こんだけ。これが浪江町なんです。（地図3参照）

アイリーン　浪江町はここ全部だけど、みずえさんのお宅も浪江に入っているんですよね？

みずえ　そうそう。私の家のある津島に支所があるんです。浪江は6つの町村が合併したので、支所がある。浪江町はとにかく遠くへ逃げようというので、支所のある津島地区へ、その支所が町機能を移せる所ということで、みんな避難してきた。

　支所はここら辺なんですが、避難路になるこの道が1本しかないんです。普段であれば本庁からここ支所まで、年寄りでも60分あれば行けるし、若い人はもっと飛ばすからそんなにかからないんですけれど、そこを10時間かかった人がいるんです。1本しか道がないから。全町がここに逃げたから。

アイリーン　そうすると3月12日はお家で迎えて、その日に避難勧告が出て27人になり始めた。

みずえ　12日の朝から夕方までの間に27人になってました。

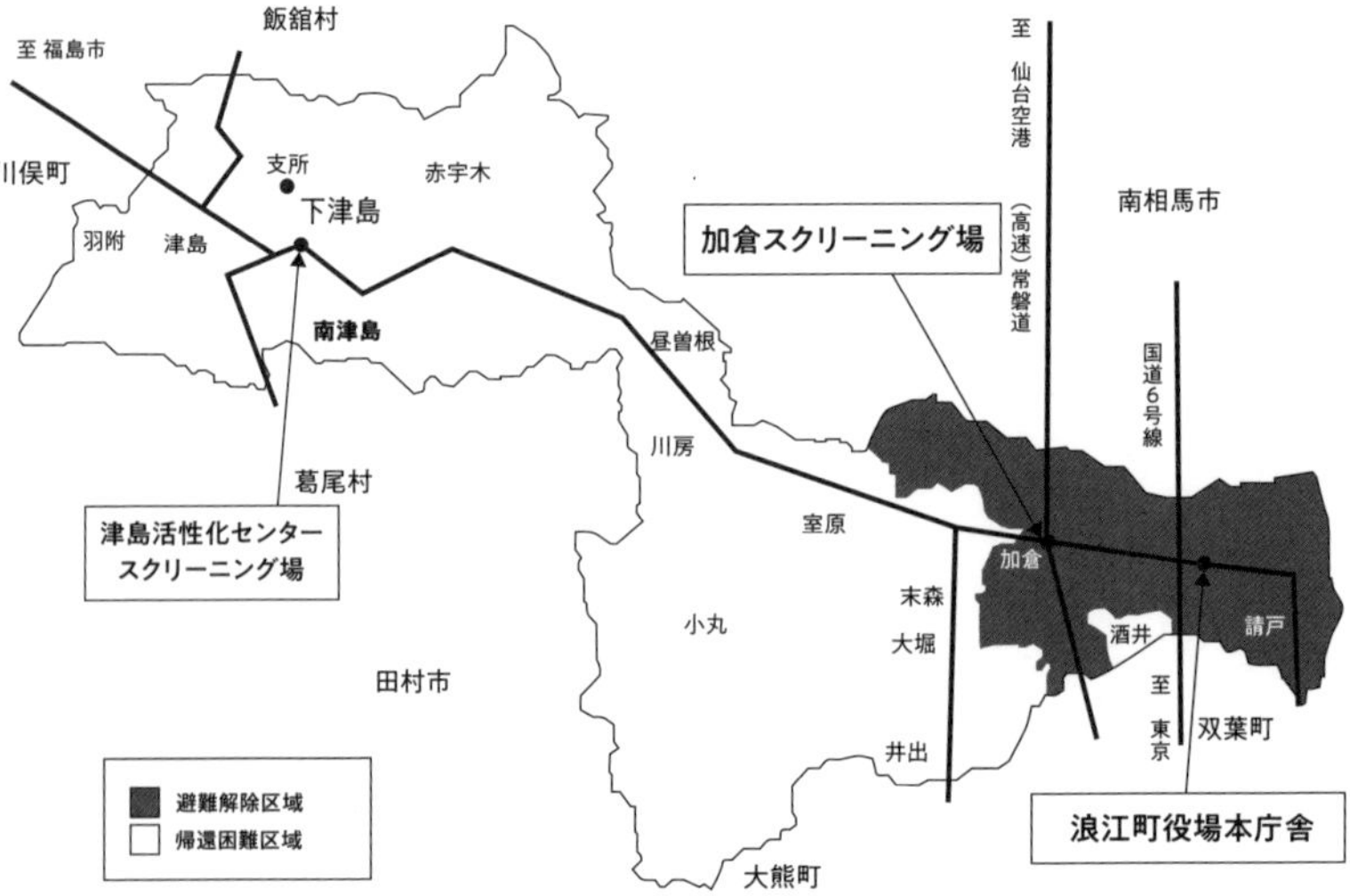

（地図3：浪江町全体図）

その時にこの道沿いは全部車で溢れていたんです、両面駐車で。みんな車で逃げてくるから。
下津島に高校の分校があって、中学校、小学校と公民館が2つあります。そういう所はもういっぱいだったんです。一番悲惨なのは、赤宇木という地区ですけれど、後で分かったことですが、そこはものすごく線量が高いのにたくさんの人がいたんです。

アイリーン　12日は家で迎えた。

みずえ　私は15日までいました。でも、うちに避難している人たちは13日の朝までにみんな、より遠くへ避難してもらいました。

アイリーン　一晩いたんですね。

みずえ　一番遅く出ていった人でも13日の昼前でした。

白い防護服の2人が「頼む、逃げてくれ」

みずえ　白い防護服の人たちが来たんですけれども、私は後にも先にも、あの防護服を見たことないんです。ニュースで原発の中の防護服とかを見ると似ているような気もするんだけど、記憶が曖昧になってきているので、違うような気もする。とにかく防毒マスクのようなものをしていました。

アイリーン　何日の何時頃だったんですか？

みずえ　12日の16時頃です。うちの家の前に止まって、何か車の中でわあわあ叫んでいるんだけど、マスクをしているので何を言っているか分からなかったんです。で「何ですか」と。

なぜ家の前に出ていったかと言ったら、うちは道に出るところの「通り門」の下に洗濯機を置いていたんですが「避難してきた人、子どもたちとか着替えが大変な時に洗濯機いるよね」と思って、ご自由に洗濯機を使ってくださいと言って、洗濯機は二層式だったんですけれど、洗剤とか全部持っていって「水は出しっぱなしにしておいてください」って言って、貼り紙をしていたんです。水は山の引水だったので、それも「飲み水に使えます」ということでホースを引いて外に出していたんです。そういうのをしていた時に車が来たんです。

で「何を言っているの？」って言って、車の窓の所まで行ったら「頼む、逃げてくれ！」って。もう泣き声でした。「頼む、逃げてくれ！」って。「なんでこんな所にいるんだ！」と。普通の服装をした女の子たちが、奥の方にある1軒しかないお店に買い物に行って帰ってくるところを、その2人が降りていって、手を握って「車の中へ入れ」って。

アイリーン　その2人が言った。

みずえ　はい。「こんな所で歩くな」って。そしてすぐに私は「町役場があるから町役場に行ってほしい」と言いました。でもこっちの言うことなんて何も聞いてなかったです。「まだ他に避難所はあるのか」って言われて「すぐそこに公民館がある」って言ったら、その防護服の人たちは走って行ったんです。
その後、警察とかいろんな人たちが白いタイベックスを着始めたので、それを見た人の話で「自分も白い防護服を見た、いっぱいいた」という報道が出たりしましたが、私が見たのはそのタイベックスとは違う、全然見たことのない防護服でした。映画「E.T.(イーティー)」とか「風の谷のナウシカ」の防毒マスクみたいな感じでした。

もう放射能は降っていた

アイリーン　12日16時、その洗濯機がある場所に行っていたのは、その時たまたまなのか、しょっちゅうだったのか。その日はほとんど家の中にいたんですか?

みずえ　ほとんど家の中にいました。でも、これは野菜とかまずいことになるんじゃないかなと思って、外の畑に野菜があるので、これだけ大勢の人が来てた時に、その時は放射性物質なんて思っていないので「放射能が降ってきたら大変だから、とにかく野菜を取り込まなくちゃいけないね」と。

アイリーン　降ってきちゃったら大変だからと。

みずえ　そう言って、みんなで野菜を取り込みに行ったりしていたんです。12日朝からずっと。野菜を洗って、取り込んでとかいうのをやっていました。もうその頃は降っていたんですが。

アイリーン　畑からは、道路に人や車がいたら見えますか？

みずえ　見えます。だってもう、道に面していますから。家があって、道があって、ここが畑。蔵があって、稲こき場があって、門があるんです。稲こき場というのは、雨の日に稲を脱穀する所です。「通り門」は、二階が人が住めるようになっていて、一階の両脇が蔵で、野菜を入れたり米を入れたりするんだけど、真ん中を突き抜けて通って出入りするんです。昔は、母屋から誰かが結婚して所帯を持つと通り門の二階へ移って、ここで所帯を持ちながら、譲られた土地田畑を耕して、家を建てられる算段をしたらここから出ていくという所だった。

アイリーン　12日の朝から16時までの間はだいたいどのぐらい外にいたんですか？

みずえ　トータルしたら3時間ぐらいは出ていたと思います。

アイリーン　その間、道路は見えるんですね。結構、車は走っていたんですね？

みずえ　はい。家の前の道路が114号線で、車が道路に両面駐車していたんです。そのせいで1台しか通れない道路を、車がもうひっきりなしに福島市に向かって走っていて、全部連なって渋滞していました。で、うちの通り門の入り口の前だけ、駐車していなかった。そのスペースに車が止まったんです。

アイリーン　例の変わった車が。どんな色とか形とか、覚えている範囲で。ナンバーは覚えてないですよね？

みずえ　ハイエースのような。ナンバーは覚えてないですね。

ナウシカの映画に出てくるガスマスクみたいだ　ここはやばい

アイリーン　その2人はどこに乗っていたんですか。

みずえ　前にです。

アイリーン　機械とか何かありましたか？

みずえ　見えなかったです。

アイリーン　白い防護服ですけれど、布かなにか、どんなか、覚えていますか？

みずえ　布じゃなかったです。布ではないような。

アイリーン　どんなマスクだったんですか？

みずえ　見たことのないガスマスクでした。

アイリーン　その後、写真とかで見ますか？

みずえ　見ないんです。ナウシカの映画があるんですけれど、ナウシカのマスクのような。ガスマスクのような。

その時思ったのが、子どもたちがナウシカが好きで、しょっちゅうそれを昔見ていたので「あ、ナウシカのガスマスクのような」と思った時に「ここはやばいんじゃないか」と思ったんです。で「頼む、逃げてくれ」と言われて。

アイリーン　それは2人とも言ったんですか？

みずえ　はい、2人で。

アジェンダ・プロジェクト京都の講演会で報告する菅野みずえさん。2019 年 6 月 16 日 京都大学吉田キャンパスにて
（撮影：アジェンダ・プロジェクト）

菅野みずえさんと犬の松子
（撮影：菅野みずえ）

藤棚が除染で無くなり、白藤が通り門に伸びてきて今では覆ってしまった
2019 年夏（撮影：菅野みずえ）

母屋の中から見た通り門までの様子　2015 年 3 月頃（撮影：菅野みずえ）

帰宅して畑から母屋を見る　2017 年秋（撮影：菅野みずえ）

福島市方面から浪江町へ入るための水境ゲート 2013 年 4 月 1 日から 2017 年 9 月 20 日まで 114 号線の帰還困難区域にはゲートがあった（撮影：菅野みずえ）

浪江町下津島の洋一さんのやむにやまれぬ想い　2013 年（撮影：菅野みずえ）

ここは山の手前の川までずっと田んぼと牧草地が広がっていたが、川柳の綿毛が活着してこのような林に（撮影：菅野みずえ）

冬には冬の楽しみがあった　小さな鎌倉に三分ろうそくを灯して　それは優しい光の瞬きだった
2010 年冬（撮影：菅野みずえ）

絶滅危惧種の水葵　消えていた水葵が津波で種が掘り起こされて請戸の田に復活して除染の置き場となってまた消えた
2014 年夏（撮影：菅野みずえ）

頭の中にチェルノブイリの原発事故がよぎる

アイリーン　いくつぐらいの年齢の人でしたか？

みずえ　分かりません。全面を覆っていたので。男の人でした。「頼む、逃げてくれ」「なんでこんな所にいるんだ」「ここは危ない」。これを続けて叫ぶように言っていました。私が「どういうこと？ どういうこと？ どんなふうに危ないの？」とか言うからなんですけど。「福島市方面へ30キロを超えて。とにかく逃げてくれ」と。「とにかく逃げてくれ」「頼む、頼む」と泣くような声で。「超えて、より遠く」って言いました。私たちは危険だとは、まだ全く認識の外だったので、ものすごい違和感を感じました。同時に、チェルノブイリの報告などを聞いていたことが、どこかでクロスしていました。

アイリーン　それはどんな感じですか？

みずえ　はい。私もそれを必死に聞いていたし、向こうも必死に言っていたという感じでした。すごく後悔しているのは、その時にデータをもらわなかった。どのくらい危険なのかとか。

自分の中で「とにかく子どもを逃がさなきゃ」と「本当に危ないんだ」と思いました。この防護服を着た人たちが言うんだから危険なんだろう」とは思いました。「やっぱりそうなんだ」と。今まで自分が反対運動を少しでもしてきたので「危険なんだ」というのはすごい思いました。この町は公民館活動で、チェルノブイリの子どもを保養に受け入れていました。

アイリーン　このあと、どういう会話があったんですか？

みずえ　私が指をさして「そこの集会所にも、そこにもいっぱい人がいる」って言いました。

アイリーン　２カ所、指したんですね。

みずえ　両方、すぐそばだったんです。彼らはそこへ走っていきました。私も急いで家に走りこんで「こんなことを言ってきている男たちがいる」って言って。そうしたらいとこが「もう一度聞いてくる」って出たんですが、その時にはもう車はいなかったんです。
　その時は家に避難者が25人いたのですが、この男たちの話を聞いて、みんな逃げてもらったんです。

アイリーン　だから、翌朝までには誰もいなくなったと。

みずえ　はい。

アイリーン　避難者が逃げてきていた公民館は、場所はどこになるんですか？

みずえ　すぐそばなんです。すぐそばに見える。隣が保育所で、ここにも避難してきた人がいました。おじいちゃんが自分の田んぼを壊して公民館に土地を提供したんです。で、公民館にもいた。
保育所の東側に地域活性化センターという所があって、ここにもいたんです。あと、家の西側に中学校があるんです。お墓を挟んでさらに西には小学校もあって、両方とも人がいっぱいだったんです。建物という建物に人が避難していました。川向かいのお寺にも。

12日　避難者を乗せたバスが何台も公民館に到着

アイリーン　中学校のほうも指したんですか？

みずえ　いいえ、指しませんでした。道路から見える範囲だけ指しました。
そのあと、私はその話を伝えに支所に行っています。知り合いの職員にこんな話があったというのを伝えました。

アイリーン　それは何時頃ですか？

みずえ　伝えに行ったのは翌日です。その日はとにかく家にいる人たちにその話をして、逃げてもらわなきゃと。生後3ヶ月のすごい小さい子もいたし、逃げてもらわなきゃと。でも私が言うと追い出しているみたいでしょう、みんな逃げてきたのに。でもやっぱり、必死で話しました。するとみんなが「じゃあ確かめようや」という話になりました。

夕方4時ぐらいなので、すぐにどんどん日が傾いてきて、真っ暗になる。田園地帯なので真っ暗なんですが、公民館のある所にバスがすごくたくさん来たんです。夜中、夜をついてバスが来たという感じでした。それは病院からの人たちとか、老人ホームの人たちとかをどんどん運び込んでいたんです。その時は、まだ運び込んでいる状態だったんですね。とにかく公民館に来たバスの運転士さんに話を聞くしかなくて、うちにいる若い子たちが、夜6時から10時くらいまでの間、バスが来るたびに運転士さんに話を聞きに行ったんです。私はとにかくみんなに逃げてもらうために、おにぎりを必死になって握っているところで、避難してきている若い子たちが「聞きに行くのは俺がやるわ」っていうので、その2人で手分けして聞きに行ってきたんです。

そうしたら、バスの運転士さんたちは「まだ俺たちはこれから、ここからもどんどん運び出すことになるんだ」みたいなことを若い子たちに言っていたんです。その時は混乱していて、とにかく見たことがないほど多くのバスがひっきりなしに来ては住民を運んで行くので「ここから避難させようとしているんだ、やっぱりここにいては危ないんだ」と思ったんです。でもそれは後から調べたら「ここがいっぱいで、入りきらないからもっと別な場所に、隣の川俣町(かわまたまち)のどこかの避難所にも、連れて行かなきゃいけない」ということのようだったんですけれども。とにかく当時はいろんな地域から移動する人がこの道をバスなどで通ってきていたんですが、その時は「浪江の人を他の地域に逃がしているんだ」と思ったんです。

アイリーン　公民館から浪江の人全員を、川俣町などに運び出していると思ったのね。

みずえ　そうそう、いっぱいで。でもその「いっぱいだから運び出している」ということがよく分からないまま「やっぱり危ないぞ」って。どんどん来ているけれども、これからまだ運び出すって言っているって。「じゃあ、さっきの防護服の男たちの言っていることはやっぱり合っているんだ」ということになったわけです。

でも「こんな暗い時に、地震で道も壊れているのに、逃げるなんてできない」という人もいたし「親がまだこっちへ避難してきているのに連絡がつかない」という人もいて「じゃあ、朝まで待とう。朝まで待って、親と連絡がついたら、その親も連れて一緒に逃げよう」「山形まで逃げるわ」っていう話になったりして。

地震のことで非常に不安定になってしまった若いお母さんと、1歳半ぐらいの男の子とお連れ合いが居たんです。足がない、逃げる足がない。そしたら、同じマンションにいる人が「私は独り身なのよ、私は避難バスにでも乗れるから、あなたは私の車を使いなさい。小さな子が大変なことだから、とにかく子どもを連れて逃げなさいよ」って言ってくれて、その人は自分の車をその家族に渡したんです。すごいなと思って。「とにかく遠くへ逃げなさい」と。そんなことがありました。こんな土壇場になっても、人というのはちゃんとした判断をもって、すごいなって私は感動していたんです。

で、13日の朝にはうちに避難していた人は誰もいなくなったんです。

皮膚がパリパリになって、笑うと唇が割けて血が飛び出した

アイリーン 12日のことに戻りますが、畑に行っている時とか、防護服の2人の車が来ている時とか、どんな感じでしたか？

みずえ まず、変な感じがありました。出ている皮膚がみんなパリパリになりました。粉をふいたように、粉ふきいものように。じゃがいもの粉ふき芋を作るでしょう、あんな感じに肌も粉をふいたんです。そして、笑うと、パリパリッとなって、ピリッと割けるんです。笑うと血が流れるんです、顔に。笑うと、皮膚が割けるの。あんなの初めてだったんだけど、唇の皮膚が割けて、みんな血が流れるの。

アイリーン みんなって言うのは？

みずえ うちに逃げてきた人たちです。12日に外に出たら、みんなが、そんなになったんです。
笑うと血が流れるもんだから「まるでホラー映画だ。不思議だな」って笑いながら言っていたんです。「これはきっと空気が乾燥しているからじゃないか」って話になって、高校の先生は「私、リップクリームを探しに行ってくる」って言って、お店に行ったら、何も商品がない。「あったのはこのクリーム1瓶なのよ」って言って、マダムジュジュのクリームを買って帰ってきたんです。それが防護服の男の来る前のことです。

アイリーン　それを菅野さんが目撃したのは、自分の皮膚と、避難してきて家に一緒にいた人たち？

みずえ　一緒にいた人たちが笑うとみんな血が出る。

アイリーン　それはたとえば大半の人がそうなったんですか？

みずえ　外にいる人たちは全員そうなりました。中にいて外には一切出なかった夫婦以外はすべてなっていました。

アイリーン　皮膚がパリパリというのはどんなふうに見えたんですか？

みずえ　白く粉をふいたように。お化粧もみんなしていなかったと思うけれども、本当に粉をふいたように、面白い状態でした。私にしたら、今まで感じたことのない。どうしてこんなことになるんだろうと。

アイリーン　パリパリになって、笑うというか口を動かしたら血が出るというのは、たとえば割れた個所は何ヶ所ぐらい？

みずえ　それは覚えていないんですけれど、私はだいたい乾燥して唇が割れるなどという経験はしたことがなかったので、衝撃的でした。一番割れたのは口の両角です。それから、真ん中と。とにかく乾くというのが正しいのか、皮膚がピンピンに貼りついたようになったんです。少し動かすと割れて血が出る、そういう感じでした。

アイリーン　その症状というのはどのぐらい続いたんですか？　翌日にはみなさん、さらに逃げるので、いなくなるんですよね？

みずえ　翌日ぐらいにはその感じはあまりなかったと思います。自分でも防護したっていうか。みつろうのリップクリームを欠かさないようにしたし、なるべく皮膚は出さないようにしたので。

アイリーン　もう1回遡りますけれど、皮膚の感じとかは11日はありましたか？

みずえ　ありませんでした。

アイリーン　じゃあ、12日の何時くらいから？

みずえ　12日の防護服の男たちが来る前から感じていました。

アイリーン　朝から畑行ったり来たりしていたんですよね。

みずえ　気が付いたらという感じです。

アイリーン　一番初めに気が付いたのは何時ぐらい？

みずえ　昼過ぎぐらいです。その防護服の男たちが来る前ぐらいには。もうホラー映画の世界でした。

アイリーン　「ホラー映画みたいだよね」っていう会話を交わしたのは何時くらいですか？

みずえ　それはみんなでお茶を飲んだ時なので、たぶん午後3時ぐらいだと思うんです。「ホラー映画みたいだ」って、みんなで言い合いました。

アイリーン　みんなで。

みずえ　はい。だって、笑うと血が流れるんですもん。その流れるのも、にじむとかじゃないんです、ピリッと割けて、ピュッと血が出るという感じだったんです。それがみんな一緒というのが面白くて、まだその頃は呑気でした。面白くて「どうしてこんなことになるの、この家は乾燥しているんじゃないか」そんな話になった。みんなが一斉になったから。

金属のような臭いや味がした

みずえ　それと、金気（かなけ）くさい味がしたんです。フライパンを熱したような臭いと、フライパンや鍋を空焼きしたような臭い。それから安いスプーンをなめているような味が口じゅうに広がっていました。「どうしてこんなに金気くさいんだろう」っていうのを感じたんです。

アイリーン　金気くさい臭いというのは11日には感じましたか？　いつ頃から感じましたか？

みずえ　11日は感じませんでした。12日の野菜を採っている頃ですから、何時かと問われてもあれですけれども。ものすごく熱い何か、火元がすぐそばにあるかのような感じの臭いでした。フライパンを空焼きしたり、鍋を空焼きすると、熱とともに臭いを感じるでしょう。そんなふうに、そういうものがすぐそばにあるかのように感じたんです、「何これは？」って。

アイリーン　それは1人で感じた時、誰かに言いましたか？

みずえ　言いました。いとこと野菜を外の水屋で洗っていたんです。水を貯めるところがあって、うちの水は全部山からの引水なのでどんどん流れっぱなしなんです。それを二層に分けてあって、上がきれいな水、下が野菜とかを洗う所ってなっていたので、そこで野菜を洗いながら「何、この金気くさい。誰かフライパンを火にかけていないか？」って、それで心配で部屋の中に見に行ったんです。「ないない」ってなって「いやあ、なんだべな?」って。

アイリーン　一緒に洗っていたのは、もう1人のいとこだけですね?

みずえ　そうです。いとこと2人で言い合いました「何、この臭いは」って。

アイリーン　その彼女はどんなふうに言ったんですか?

みずえ　いとこが「火かけてるか?」って、私に聞いたんです。今でも時々話します。「あの時の味を覚えている?」って。「覚えている、覚えている」って。「なんとも言えない味だったよね、臭いだったよね」と。「すぐそばで空焼きをしているんじゃないかって思う臭いだったね」って、この前も電話で話をしました。

アイリーン　その方はどこにいらっしゃるんですか?

みずえ　今はいわき市です。

アイリーン　はい。その金気くさいというのと、それとスプーンのような味という話もされたけれど、どんな感じですか、スプーンの味とは?

みずえ　金気くさいって分かりますか？　安いスプーンをなめた味。その味が何もしていないのに口じゅうに広がっていました。

アイリーン　その味って、どのくらい続きましたか？

みずえ　かなり長いこと続きました。それは14日の爆発の後も続きました。

アイリーン　12日からずっと続いていたんですか？

みずえ　13日はちょっと緩くなったような気がします。13日は私が自分の関心がそれどころじゃなかったかもしれない。情報を集めて、外へ出ないようにしていたので。うちはかなり密閉できる家だったので、外へ出ない限りはあまり感じなかったんです。だからかもしれません。

アイリーン　でもその次の日はまた感じたんですか？

みずえ　14日も爆発音がした後、すごい臭いがしました。味もしました。

私は、大きな爆発音については、最初の12日の時は覚えが無いんです。でも私が当時書いたメモを見ると、私が音を聞いたことになっているんです。「大きな爆発音がして、何かあった」という趣旨のことが書いてある。でも今はもう記憶にないです。12日に家にいて、一緒に野菜を洗っていたいとこは、12日の爆発音を聞いたのを覚えていると、今も言っています。

アイリーン　メモには書いてあるんですね。いとこもそう言っている。

みずえ　はい。12日は記憶があいまいだけども、14日の爆発はものすごく大きかったです。12日は、原発で何か起きたと疑っていなかった時だからかもしれません。14日は、誰もいなくなって、家に1人だったということもあると思うんですけれど、ズズーン、ズズーンって聞いたことのない爆発音でした。

アイリーン　それも同じような臭いがしたんですね？

みずえ　同じような感じです。だから、ここまで臭ってくるっていうことは、これ、来ているんちゃうのって。

アイリーン　その味と臭いが強かったというのは、14日のバーンと音がしてから一瞬後とか？

みずえ　いや、音がして、音がした後にかなり音は続きましたから、どれくらいっていうのは記憶にないです。でも、臭いがしてきて、ああ、と思いました。

アイリーン　はじめの12日の時の臭い、2人で話した時は、それは何だ、フライパンと思って、フライパンじゃない、そのあと、なんだとか思いましたか？

みずえ　その時は何も思わなかった。でも14日は、これは本当にやばいんだと思ったんです。あの時のも爆発の時の臭いだったんじゃないかって、14日に気が付きました。

アイリーン　1回目というか12日の方は、フライパンを空焼きしているんじゃないかという会話だったけど、14日は、いや、これはと思ったんですね。

みずえ　はい。音を確実に聞いてますし、そのあとの響き。たぶん、14日は町中の音が止まっていたんです。工場は全部止まっている。もう車も通っていない。避難してきた人だけしかいない。そこら辺では、本当に静かだったんです。ある意味、音の無い。人のざわめきはあっても、そういう音の無い。だからすごくダイレクトに音が響いてきたと思います。

あとで２０１６年の春、甲状腺がんの治療の時に、「ああ、金気くさい」と思って思い出して「あの時のあの味って、放射能だったんだ。臭いも味もないっていうけど、味はあるんだな」と、ものすごく納得したんです。そのあとも、その味を覚えたら、歯の治療をしてレントゲンを撮った時にも、口の中で「あ、あの味だ」と。それぞれ、一瞬感じたのですが、津島ではずっと、どこへ行ってもその味がしたと思います。「どうしてこんな味がずっとしてるの？」と思っていた。この味を覚えたから、私はカナリアになれると思った。

お腹の痛くない下痢が続いた

アイリーン　金気くさいとか、フライパン、スプーンとか、いとこの方と話したのと、他に誰かと、このことについて話したことはありますか？

みずえ　話しました。3月の終わりに避難所に行った時に、その当時のことをみんなで話をしていたんです。その時にはその金気くさい臭い、それは共通していました。それから、肌が乾いて血が出たこと。
それともう一つは、15日に避難した後なんですけれど、16日以降から非常に下痢をしました。お腹も痛くない、でも、何か水一滴でも飲んだら、身体から追い出すように全部が出ていくんです。何かを食べると、私と息子と二人でトイレをいつも競争していました。避難所の人も、みんな下痢をしていました。

アイリーン　避難している所で。

みずえ　はい。みんな下痢症状が出ていたんです。それで、ノロとかロタみたいな急性腸炎だと診断されたんです。でも、嘔吐もしない、腹痛もなくて、ただ身体から全てが出ていくという感じだったんです。私は施設で働いていて、ノロやロタの集団感染を経験しているんですけど、それらの感染では、嘔吐、腹痛、非常に白っぽい下痢、という感じがありましたが、その時は誰もそういう症状だとは言っていなかった。どれにも当てはまらなかったんです。不思議だなと思ってました。

アイリーン　お腹痛くないけど、水をちょっとだけ入れると下痢になるというのは、いつ頃始まったんですか？

みずえ　16日から始まりました。意識したのが16日だったからかもしれないけれど、16日からひどくなりました。それからずっと2週間ぐらいその状態が続きました。

アイリーン　その状態をもうちょっと説明してもらえますか。どんな感じになるんですか？

みずえ　食べたら、食べたものがスルスルと外へ出ていくという感じです。我慢できなかったんです。でもお腹も痛くもなんともないんです。食べたとたんに「あ、あかん」という感じで、我慢ができなくなって、トイレに走る。とにかく身体が全部を外に出していくという感じです。不思議な感じでした。

アイリーン　そうなった時、出た後まだお腹は痛くない。

みずえ　全然痛くないです。何もないです。
　後から、あれは身体がセシウムを出そうとする反射だったんじゃないかな、と思ったんです。大阪の友だちに「あなたたちの排泄物がこの町の汚泥となる」と言われたことが、自分の中ではいつもずっと頭にあったので、それを頭の中で反芻していた時に、不思議な下痢のことと結びついて「ああ、排泄物には放射能があるんだ、放射能を私は排泄してたんだ」と、そう思ったんです。不潔なところにいたので、感染症が出るのはわかるんですけど、本当にすべてが感染症だったのかなと疑問に思います。
　実は半年くらい経って、仕事で大熊町の友人たちと偶然会って話をした時にも、みんな「おんなじ！　あ、そうそう！」って。臭い、異様な肌の乾き、不思議な下痢をしたと言っていました。15日に避難をして、私は途中で岐阜の姉のところへ行って、それから大阪へ来たんですけれど、大阪の友人に「あなたたちが逃げて来るから汚染が広まるんだ」って言われたんです。私たちの身体から出るものが、この町の汚泥となって沈殿するんだって言われた時に「腐ったミカンになったな」って思ったんです。
　居場所がない。どこに行ったらいいんだろう。そんな時に避難所から「帰ってきて」というメールが来たんです。「もう私たちは疲れてしまっている。ひとりでも手が欲しいから帰ってきて」と。

アイリーン　それはどこの避難所ですか？

みずえ　二本松市（にほんまつ）の東和（とうわ）というところですけれど、後で分かったんですが、そこも線量が高かったんですけれども。それで私はシュラフや、一通りの生活に必要なものを持ってその避難所に行ったんです。

アイリーン　何日ですか？

みずえ　3月29日ぐらいです。

アイリーン　その時はまだ下痢が続いていたと。

みずえ　はい。

アイリーン　16日から意識しているんですね、ひどくなったというのは。食べる時の味とかは別に普通でしたか？　美味しいというか、普通の食欲。特に記憶はない？

みずえ　記憶がないです。

アイリーン　息子さんがいつからでしたか？　息子さんと2人で食べた後、競ってトイレに行く。

みずえ　16日から。大阪の夫が出稼ぎのために住んでいた集合住宅に避難したんですが、息子と2人で一緒に下痢になっていました。16日から29日まで。そのあと東和の避難所に私は戻るんですが、息子と犬の松ちゃんは「一緒に来るな」と、大阪に残しました。

アイリーン　そうか、その集合住宅で、しょっちゅうトイレに行っていたんですね。

みずえ　そう、1つしかないトイレを2人で競い合っていた。我慢できないんです。もう、1杯水を飲んだら「おお」っていう感じなんです。それが本当におかしくて、息子と「なんだべな」って言っていたんです。何か変だよねって。

アイリーン　そういう経験って前にもありますか？

みずえ　全然ないです。その経験は避難所でいっしょに居たみんなが言っていました。

アイリーン　みんなというのはどういう人？

みずえ　私の大熊町の元の同僚と1年以上経ってから会った時に「当時のことで変わったこと何かある？」って話になった時に、その同僚が、こんなふうになったという、私が言ったことは、みんなが「そうだよ、そうだよ」って。大熊町にいた時の金気くさい味というのは「へえ、浪江のあの津島の山の中までしたのか」という驚き。下痢は「そうそう」って、みんなでトイレを奪い合って、そのあと、大熊町の避難所では、お腹の痛いノロがやってきて「おなかが痛くなかったけど、あれもノロだったのか」って。「新しい風邪なのかぐらいに避難所で思っていた」と言っていました。

アイリーン　そのあと、お腹が痛くなってというのは、そっちの方はノロだというのは間違いないですね？

みずえ　はい。でも最初のはノロじゃないんじゃないか。でも医者は大勢の人が一様に下痢をしたので、ノロかロタでないかというふうに診断してたみたいです。当時は検査もできなかったので。

アイリーン　2週間下痢になっている時、お医者さんに行ったりとか何かしましたか？

みずえ　しませんでした。だって、お腹も痛くないし、吐き気もないし。
それから、そのあと避難していて、私が二本松の東和体育館にいたでしょう。その時にはお腹の痛い下痢が流行っていたんです。だからトイレ掃除を徹底すること、塩素で消毒することが徹底されてから、山場を越したんです。なので、最初のもロタだったんだとか、ノロだったんだとかいう言われ方をしたんですけれど、それは違うんじゃないかなってずっと思っています。避難所は文化会館や体育館など4つくらいの建物がありました。その時に避難所の同じ建物にいた人たちに「最初はお腹痛くなかったよね」って、私が念を押した時に、みんな「痛くなかった」って。そこで治っちゃって、流行性の胃腸炎にならなかった人はいるんです。それと、流行性の胃腸炎になった人も「全然違う」って。「あんなにお腹の痛くない下痢は初めてだった」って言った。だから、覚えています。

突き刺さるような皮膚の痛みを感じた

アイリーン　菅野さんご自身のことですけれど、もう一回遡ると、味がしている時とか、まわりで他に何か気付いたことはありますか。まわりの空気とかなんでも感じたことは。

みずえ　皮膚が痛かったです。ピリピリと痛かった。ピリピリというか、チクチクというか、何かが肌に刺さるような違和感がありました。
それはみんなが逃げてしまって、13日から15日に避難するまでの間に感じていました。自分ひとりになったので、これは不安が増幅しているのかとか思ってたんですけれど。顔を洗っても洗っても、突き刺さるようなピリピリ感というかヒリヒリ感というか、どう表していいか分からない感じがありました。

アイリーン　それは外側だけですか？　中は？

みずえ　外側だけです。その時はそうです。その時はそんな感じです。後はそれ以上のことは思い出せないです。

ひとりになったこともあって、神経過敏みたいに、原発が爆発したことの恐怖心もあるし、そういうもので過敏に感じているのかなと思ったんですけれど、でも何か変だなと。やっぱりやばいんじゃないかなと思っていました。

アイリーン　その痛みを感じているところというのは？

みずえ　顔全体です。

アイリーン　他は何も？　顔だけ？

みずえ　顔は出してましたけど、他のところは出していなかったんですよね。手袋するとか。

アイリーン　身体は感じていないの？

みずえ　感じていない。顔だけ。出てるところだけでした。

アイリーン　皮膚の色とかは変わりましたか？

みずえ　変わりませんでした。何も変わらない。

アイリーン　空気見て違うとか、そんなことは何もなかった？　空気は普通でしたか？

みずえ　なんというか、この皮膚が痛いのは、感じとして、見えたわけじゃないですけど、キラキラしているものが刺さっているような、そういう痛さでした。私たちの浪江などでは、冬のマイナス19℃とかまで下がった時に、空気の中の水分が凍って、ダイヤモンドダストみたいにキラキラしたものがある中で皮膚が痛くなるんですが、空気も凍っていないのに、そんな感じがしました。

ひどい口内炎になった

みずえ　その後、蔓延したのが口内炎です。私は毎日毎日、炭水化物ばかりの食事をしていたので栄養不足になったんじゃないかと思っていたんです。でも関西へ避難して来て、違うって気が付いた。去年（2015年）5月に関西に避難して、阪神淡路大震災の時に神戸の避難所にいた人たちの話を聞いたんです。やっぱり同じような食事状況だったわけですが、口内炎は1例もなかったと言われたんです。あれは被ばくだったんじゃないかって。
今でもそうですけれど、右側の下の歯だけが、歯周病だって先生は言うんだけれど、治しても治してもすぐに痛くなるんです。疼いて。それはずっと残っているんです。

アイリーン　それはいつから出たんですか？　疼くのは。

みずえ　疼くのは避難所に行って、避難所でひどい口内炎になって以降です。

アイリーン　ひどい口内炎になったのはだいたい何日くらいからでしたか？

みずえ　4月中はひどかったです。私、4月でお医者さんに行きました。で、お薬もらったのね。ビタミンBのチョコラザーネみたいなの。一緒に避難していた人たちはみんな口内炎になっていたんです。みんなでいっしょに「口の中がザクロだわ」と言うくらいひどい口内炎で、痛いし、食べれないし。あんなにひどいのは後にも先にもなったことがない。これまで口内炎になったことはほとんどなかったんです。でも口の中がぶよぶよで、本当にザクロみたいな感じ。これ、なんだろうって。歯が歯茎の上に浮いてる感じ。
食べれるものが限られているので、食べないと「明日生きていられるのだろうか」という感じで、カップラーメンの中にもらったおにぎりを突っ込んで、おじやみたいにして食べたの。そうでないと痛くて。
ビタミン不足かなと思って、私が代表で片道1時間かけて、開いたばかりのコンビニにカット野菜を買いに行きました。

ちょうどこの頃、もう一度、5月になって大阪に行ったんです。というのは、避難所のある地域から「いつまでも公民館活動などもできない、いつになったら平時に戻るのか」という意見も出ていて、県は二次避難所の開設に舵を切ったんです。私のいた避難所が閉所になって、二次避難所が割り当てられてそこに行ったんですが、行ったところに私の名前が無かったんですね。混乱してたので、私の避難所は違う所にあったんです。でも、私が「あなたはここに行きなさい」って言われて名簿をもらった避難所には私の名前が無くて入れなかったんです。その日から寝る所がないので、車の中で寝ていたんだけれども、これはちょっとやばいな、この寒さで車の中で寝ていて、町にもう一度聞いても混乱の極みで、それどころじゃないという感じなので、これはもう一度大阪に行こうかと思って、大阪に行ったんです。

アイリーン　寝る所がないから、大阪に行ったということですね。

みずえ　はい。

どのくらい被ばくしたのかわからない

みずえ　被ばく量のことですけど、朝日新聞の報道からすると、原発事故から4月2日までの間に、少なくとも津島にいて東和に避難した人たちの被ばく量は、１００ミリシーベルトは積算しているんです。そういう所にいたんだなと。

アイリーン　そうですよね。自分ではその時は知らないんですよね。何がきっかけで、3月15日に、津島を離れることになったんですか？

みずえ　危ういぞというのは、その防護服の男たちから知らされていたので、そうだろうと思いました。だからみんなに逃げてもらった。その時にすごいショックだったのは、こんなことになっているのに、誰も知らせて来ない。防護服の人たちのことは、浪江町にも言ったんですよ。でも、分かるんです。防護服の男たちがこれだけの放射線量の値だって見せてくれたわけでもなく、浪江町も私の話だけを聞かされて、全町避難という決定を出せないというのも分かるんです。

アイリーン　支所に言いに行った時にはどうでした？

みずえ　知り合いの職員がいましたので、伝えました。だけれども、それだけのことで全町避難をかけられないというのは分かりました。私も、ああって思ったんです。データを見せてもらっていない。

アイリーン　それとか、どこの誰だったのか、とかね。

みずえ　そうなんです。私自身は危ういと思っていたから、すぐにそうなんだって飛びついちゃったけど、なぜあの時にデータをもらわなかったんだろうと、すごくそれは悔やんでいます。
だから、なるべくデータを残したいという思いがあって、自分の中のセシウム検査をしたい、ホールボディカウンターを受けたい、と思ったんです。でも受ける所がどこもなくて、6月10日ぐらいに、私たちのようにそろって同じ所にいた親子の検査をしたいという話があって、その話に乗ったんです。検査してくれるなら、と。で、北海道の大学にホールボディカウンターがあるので、そこに行ってもらえないかというので、行きます、と。今だったらまだ出る、と自分でも思ったんです。知りたいと思ったし。そしたら、断ってきたんです。

アイリーン　北海道が？

みずえ　主催者が。後からよく聞いたら、それはフジテレビが後援だったんです。だから「なんてことないってことを証明しなきゃいけない」と主催者は思っていて、たまたま選ばれたのが浪江の人間というのは困る。「飛行機が取れない」とか「いや、自費で行きますよ」って言ったんだけど「いやいや無理です」とか。なんだかんだ言って、歯切れが悪くて断られて「あ、フジテレビが後援か、それは無理なんだな」と思ったんです。

私たちはモルモットにもなれないんだと。モルモットだったらきちんと調べるね。私たちはモルモット以下よ。福島県民をモルモットにするなとかいうシュプレヒコールを聞くと、違うって思うの。私たちはモルモットにさえなっていない。なかったことにされている。データを残さない。

そういう思いを持ったのは、みんなに逃げてもらった時に、家はガランとしているけれど、息子は地元の消防団に行っていて、私は息子も逃がしたかったんです。息子を一番最初に逃がしたかった。息子が「今どんどん弱い人が送られてきている。ここの中で流動食を作れるのは俺しかいないんやで」って。彼は病院の給食の経験があったので、そうすると「若い俺の命と流動食を食べている人の命とどっちが重いなんておかんは言えるのか。そんなん言うんだったら、命が惜しいんだったら、おかん一人で逃げろや」って言われて、すごい突き刺さったのね。あ、そうだって。「今まで言ってきたことは何やったんや?」って。「みんな大事じゃなかったのかよ」って言われた時に、ああ、そうだと。危ないことは分かっているけれども、ここで息子に逃げろと言うのは、そういう人を見放して自分だけ助かりゃいいわって言っていることなんだなって。人としてどっちが大事かって言ったら、健康より大事なことはあっぺしたと思って、逃げない。町が全町避難と決めるまで残るって決めたの。彼に言われて、自分もそうだと。逃げる時は息子と一緒に逃げようと。

アイリーン　息子さんは多くの人を救うために自分はいるんだという、自分の判断で自分はここに残ると。みずえさんは、その発言で突き刺さったのね。

みずえ　私はとにかく息子を助けたかったの。息子を逃がしたかった。「あなたが代われないんだったら、あんたの仕事を私が代わるから、あんたが逃げて」って言ったの。そしたら「そんなのできないだろう」って。確かにね。彼の方が技術が上なんだから、そうかと思って。逃げる時は親子一緒に逃げようと思った。息子を置いて自分だけ逃げるってできなかった、考えてもみなかったという意味です。それはひょっとしたら間違いなのかもしれないけれど、私としてはそこはできなかった。

アイリーン　分かります。行ったら、行ったで苦しいよね。

15日の朝に2時間で全町避難

アイリーン　そして14日、15日は？

みずえ　14日に大きな爆発があって、爆発音も聞こえて、前より一層鮮明に金気くささというのが漂ってきた時に、この前のあの金気くささというのは爆発のものだったんだって思って。そうなんだと。防護服の男たちが、ここが危ないって言ったのは、この臭いが漂ってくるってことは、もう風はこっちに向かって吹いていたんだというのが、14日に自分ではっきりと分かったの。

水については、うちは山の水の湧き水なので、そんなに簡単に染み出さないだろうと思ったの。セシウムとかがね。山に一旦蓄えられて湧いてくるものなので、今すぐは大丈夫だろうと。お風呂に入らないでおくとか、それは思わなくていいのだろうと思ったの。でも、空気は危ないんじゃないかと思った。で、また浪江町へ言いに行ったんです。やっぱりここは危ないと。ちょうどその頃、ストロンチウムか何かが飯舘村で発見された、飯舘村へ飛んできたというのを、ネット情報で、ガラケーの昔のネット情報の少ない情報の中でそれを見つけて、やっぱり大変なことじゃないかって、言いに行ったのね。そしたら「今、いろんなところと調整している」って。それは、浪江町は２１、５００人なので、２１、５００人を引越させてくれる所をあたるって大変なことなんだろうなって思ったの。だから、町は町なりに一所懸命やっているんだなと思った。

全町避難をする時には必ず連絡が行くからって言われて、町も町なりに何らかの方法をとっているんだなっていうのを自分でも分かったので、息子を逃がせる時はもう来ているかもしれないと思った。
で、15日の朝にもう一度、役場の職員に聞きに行ったのね。そうしたら、その時が朝7時ぐらい、8時に全町避難。10時までに完了。2時間よ。たった2時間よ。8時前だったと思う。

アイリーン　21,500人を。

みずえ　そう。ここはやっぱり危ないって。雨が降り出しているから、みんなが雨にあたる。だから、二本松市が受け入れてくれることになったから、二本松に向けて出発する。うちは、夫が大阪にいることをみんな知っていたので「あんたはとにかく大阪へ逃げろ」と。「息子さんを連れて逃げろ」って言ってくれて、それで賞味期限が切れかけのおにぎりをいっぱい持たされて。

アイリーン　誰がくれたんですか?

みずえ　避難場所にあったのを、みんなが息子に「これを持って大阪へ逃げろ」と。「大勢だから、避難所の人数に足りないのは渡せないから、お前たちは2人だから2人で食っていけ」って言ってたくさん持たされて、そこから郡山(こおりやま)へ向かって、スクリーニングを受けるために走り出したのね。

アイリーン　何時頃出発しましたか?

みずえ　全町避難と言われた8時にそれを知って、息子も帰されてきたの。もう炊き出しをしないからって言って、帰されてきたので、息子に「ちょっと待ってやって。一生、この家に戻れない気がする、ここはすごく汚染されているとするならば、もう一生ここに戻れない。だから、とにかく整理させてくれる?」って言って。「うちは農家だから、春に向けての種とか、そういう生ものは家の中にあるから、それ全部外へ出すから。動物もこれから先、飢えていくから、とにかく全部出しちゃうから」って言って。

アイリーン　どういう動物がいたんですか?

みずえ　イノシシとか。

アイリーン　自然の動物ね。

みずえ　それから、逃げられない人たちがいるって分かるのは後なんだけど、家畜やペットを連れて逃げれなくてね。ガソリンが尽きて、避難バスにはペットは乗れないから。

とにかく家の中の物を全部出して。分かんないね、そういう時って何をするか。冷蔵庫の掃除を始めたのね。「この中の物が腐っちゃったら大変なことになる」って。これだけは私、末代まで「もしあんたの子どもとかが来て、冷蔵庫の中がとんでもないことになってたら、ばあちゃん、何してたって言われそうな気がする」って「バカだと思うだろうけれど、これだけはさせて」って言って、冷蔵庫を掃除して。そして冷凍庫には、農家だからいろんなものを冷凍しているわけ。そういうものも全部外へ出して、なぜか消毒までして。「絶対これはカビるわ」って言って「カビてもいいじゃないか」って、息子。「あんた、俺にあれだけ逃げろって言いながら、なんなんや、今」って言われて、私は「これだけはやらないと出れないわ」って言って。

盆栽とかがあったのよね、私が育てた。「どうしよう」って。「そんなもん持ってたって、汚れているんだろう?」って息子に言われて、「うん、汚れていると思う」って、穴を掘って、それを土に預けた。息子に「これから雪降るのに無駄無駄」とか言われて「でも捨てていけない」とか言って。いろんな盆栽を埋めて、シンビジウムの鉢が随分あったのね。シンビジウムって蘭の仲間なんだけど、一番簡単な蘭なんだけど、それを小さな小さな苗から育てていたのね。息子に「ごちゃごちゃ、持っていけない」って言われて「そうだよね」って、全部1箇所にまとめて「すまないね」って言いながら「こんな寒い所に置いていって申し訳ないね」って言いながら。

息子の乗用車は軽自動車で、私が乗っていたのはアウトバックなんだけど、それは軽自動車に比べたら燃費が悪かったのよね。ガソリンがないので、少しでも長く走るには「燃費のいい軽で行こうや」ってことになって、ガソリンがないから、耕運機のガソリンも抜いて軽に入れて、普通車からも抜こうとしたけど、やっぱり工具がないからできなくて、ガソリンあるだけを軽に入れて。

犬の居場所を作って「もう二度と、自分の所で作る米はもう食べ納めだよね、米を持って行く」って言って。「汚れてないのかよ」と息子が言って「大丈夫、家の奥深くにあったから、窓際じゃないから大丈夫」とか言いながら、それを全部積んで、150キロぐらいあった。

そしたら息子に「買えるものは置いておけ、買えないものだけを持て」と「衣類も当座の着替えとどうしても持って行きたいものだけにしろ、場所が無い」って言われて。すごく悩んで「いやもう、仕事を無くしたんだからスーツはいらないわ。ジャージもいらないわ。じゃあ」と、当面着替える下着とパジャマと喪服を持ったの。すぐになくて困るのは喪服だよね、と思って、正解だった。実際にたくさんの葬式がすぐ入っちゃったから。それだけを持って出てきたの。

冷静な判断ってなかなかできないけど、あの時あんなに危険だって思いながら、なぜ家の掃除をしてたかなって思うんだけど、床とかは掃除しなかったんだけど、冷蔵庫だけは必死になってた。

それまで逃げる準備はして、スーツケースに詰めていたのに、いざ逃げるとなったら、全然違っていた。この家を置いて二度と帰れないと思ったら、全然違った。

国からも、他の人たちからも、私たちは棄てられたと思った

みずえ　で、全部置いて出てきたんだけど、13、14、15日、特に13、14日のことは、本当に理不尽さと怒りを感じます。浪江町は国からも県からも東電からもなんにも知らされていなかった！ 東電が原発事故を起こしたことさえも！

大熊町の上司から私に連絡があって「自宅待機を命じる」って。自分たちは田村市へ避難すると。それは12日の早朝、原発の事故が県内のテレビではまだ全然報じられていなかった。「多分大熊町は避難することになる」って言われたの。大熊町はフクイチの原発立地だから、すぐそばだからだな、って思ったのね。12日の早朝には大熊町はもう避難してたの。全町避難、田村市へ。より遠くへ。

アイリーン　大熊町ね。

みずえ　大熊町は、一旦、田村市へ避難するのね。でも30キロ圏内で、それから会津へって避難するわけ。そこら辺で、大熊町とかみんな遠くへ避難することをもう連絡されたのに、浪江町は何の連絡も受けてないわけでしょう。「こんなにたくさんの人を国は見棄てるんだ」って、初めて「棄てられた」って思ったの、国に。すごいたくさんの避難する人たちの車が道の両際には居て「ここは危ない」って、ああやって防護服で言ってくるほど危ないのに、町には何の連絡も無いってことは、私たちは棄てられたんだって。

その時思ってたのは「浪江は原発を建てさせなかった町だから、これ見よがしに棄てられたんだろうな」って思ったの。「国はこんな時にしっぺ返しするんだ」って。13、14日は本当に怒りとか悔しさだとか、こんなふうに国家権力って簡単にこれだけの人を棄てるんだなって。

今まで自分が仕事や運動で関わってきた中で、国に棄てられた人をたくさん支援してきて、自民党政権下で、この人たちは政策上、国が見て見ぬふりをしようと決めた人たちで、こんなことを許してはいけないと強く思っていました。でも、この原発事故では、原発に関して、国の政策に反対して原発を建てさせなかった浪江町に対して、中には原発を支持して協力してきた人たちもいた中で「これだけたくさんの人を一挙に丸ごと切り捨てるんだ」って。そしてその時は民主党政権になっていて、私は素朴に政治や社会が良くなっていくんじゃないかと期待していたのだけれど、このことで、原子力政策の主体は、全く別の権力構造に支配されていることが分かってしまった。裏で手の出しようのない世界があるんだって。それはものすごいショックで、無力感に支配されてしまって、棄てられて、打ちひしがれて、泣いてばっかりいた気がする。悔しくて泣けてしまうというか。あの時のことを思い出すと、ものすごく得体の知れない不安感、「人として生きている値打ちがあなたたちにはないんだよ」って、公然と否定された気がしたの。この喪失感、なんて言っていいか分からない気持ち。この2日間は、一生の中で一番長い時間だったような気がします。今でもふいに3・11の記録に接すると、気持ちのコントロールがつかなくなります。

そんな時にうちの親戚から電話があったの。同じ津島の中に親戚が避難していると。「うちの連れ合いのほうの親戚がそっちにいる。だからあなた、家で引き受けなさい」って言われた時に「いや、ここは危ないんだ。危ないから、そんなに心配だったら東京のあなたの所に逃げて来いって言ってやってください」って私言ったのね。「何を言ってんのって。過敏にするのもいい加減にしなさいよ」って言われたのかな、東京弁で。「放射能なんて、うがいでもしてればいいでしょうよ」って。言われた時に私は黙って電話を切ったのね。

なんというか「私たちここの電気なんてひとつも使っていないよ」って。「東京のあなたたちが使っていたでしょう」って。「それなのに、『うがいでもしておけ』って、なんなんだ」って思って。だからもうその人の電話は出たくない、出れない。あの時の自分の心配とか不安とか憤りの上に、全然理解しない人たちが東京にいて「うがいでもしときなさいよ」って言われた時は何も言い返せなくて、ただ黙って切っちゃった。今も出たくないと思う。この想像力の無さ。「誰も残っている私たちを心配していないんだ」って。そうすると「国だけじゃなくて、他の人も棄てているんだ」って思ったのね。

その頃、夫からも電話があったの。「親戚頼むな」って言われたのね。「なんで?」って。「なんで親戚なの。普通だったら、女房子どもに、すぐ逃げて来いって言うんじゃないの? それを言わないで、親戚頼むなっていうのは、危ない時にあんた残って世話するのが女房の役割だよって言っているのと同じなんだよ」って、泣きながら怒ったの。「もうあなたとは口も聞きたくない。これだけ不安に思ってて、国にも棄てられているのに、私は夫からも棄てられているの?」って。で、夫からの電話にも一切出なかったの。あの時って、本当に気持ちが荒んでいたし、冷静な判断ができなかったなって思う。

こんなふうに「棄て方の見事さ」と言えばあれだけど、本当に見棄てるんだなと。アメリカ政府は50マイル（80キロ）圏内の全部の人に避難勧告を出したっていうのと、ある外資系のドイツの会社は日本人の親戚も含めて、第3親等の人まで、飛行機のチケットを用意するから逃げろって言っているみたいよって。よその国はそうやって、働いている日本人も逃げろって言うのに、日本政府は私たちをここに置き去りにしているんだよな、みたいなのがものすごいショックだった。

今、政府交渉とか行くと、切れそうになっちゃうね。「あなたたち、棄てておいて、謝りもしないじゃない」って。今、私がこんなことがあったって言わないでいたら、今度起こる人たちを私が見棄てたことになるよね。伝えないと。私たちはこうやって棄てられたよって。だから、あなたたちだって棄てられるよっていうのを伝えないと、私も加害者だわって思って。そこら辺は本当に思っている。あの時の、足の裏がむずむずするような、居ても立っても居られない気持ち。泣きながら家の中を歩き回っていた。なんで泣いているんだろうって自分に問いかけるわけ。「怖いの？」って。違う、腹立っている。

あの時、たまに友だちから電話が通じた時、余震がすごい時に電話がかかってくる、みんなが電話を使わない時に電話がつながって「なんだ、カンちゃん、元気そうじゃないの」って言われたのよね。「大変だと思ってたけど、原発事故、大したこと無かったんだね」って言われた時はまた切れちゃって。それまで普通に笑って話してたんですけど、すごい泣きわめいたみたい。私が。自分としてはあまり覚えてないけど。「笑ってたら大丈夫ってどういうことよ」みたいな。「どんな気持ちであなたの電話に笑って出たか分かる？」って。「人恋しかったんだべ」って。「それがそんなふうに言うのかよ！」っていう気持ちが。ハリネズミみたいだった。彼女は今「あんた、あの時すごかったよ！」って言います。「悪くって、しばらく近寄れなかった」って。

「人は棄てられたら、こんなふうになるんだな」って思って。それが福島。それから犬が死んでしまって、野良猫を拾った時にも、すごいとがっている野良猫で、この子も棄てられて、とがってて、私と一緒だわって思った。今じゃゴロニャン、ゴロニャンしているけど。あの時の私って棄てられた野良猫みたいだったよね、きっと、って思うの。そんなんでした。

コラム　人は人に支えられて前向きになれる

あの時の3日間は本当に長かったんだけれども、避難している間は、すごく時間が濃かったと思う。人は人を支えられるということを教えてもらったと思う。仮設住宅で一番早く自治会ができて、すごく明るい仮設住宅になっていたのは、伊達郡(だてぐん)の桑折町(こおりまち)の役場の人が助けてくれていたのだと思う。

桑折町は一番大きな浪江町の人たちをまとめて受け入れると言ってくれた。その時、桑折町は浪江町から遠くて、桑折町の役場の人が常駐してくれた。役場の人は毎朝一軒一軒回ってくれて、夕方にも一軒一軒回ってくれて「困ったことは何でも言ってもらっていいんですよ」と言われて、国にも人々にも見棄てられたと思っていた私たちは本当に安どした。その時、桑折町の人は「皆さんは準町民ですよ。皆さんは町の人が使えるものは、図書館や温泉とかも同じように使えますよ」って。税金払ってないから使えないとも言われたことがない。「みんな百姓してたんだから仕事がしたいべ?」って、桃の剪定や摘果作業などいろんな仕事も持ってきてくれた。商工会は仮設のすぐ近くにごはん処を作ってくれて、浪江の人を雇ってくれて、いつでも浪江の味を食べることができて、本当にありがたかった。おばあちゃんたちとよく「女子会」をやった。おばあちゃんが「女が外で酒を飲むなんて、初めてだ」と言って喜んでいた。

自治体職員が「いかに住民を支えてくれるのか」を、すごく学ばせてもらったと思う。住民が頑張っているだけでなく、自治体職員が一緒にやってくれないと、暮らしはよくならないんだと思った。浪江町の町長も職員も、避難先の職員も、一緒に苦労して、素敵な職員になっていったと思う。

避難して本当にそう思った。よい避難先に恵まれたし、浪江町でよかったなと思った。

浪江町は原発交付金は意地でも受け取らないと言い切ったし、汚染水を海に流すなと、全国に先駆けて全会一致で決議している。福島県が区域外避難者への県外避難の援助を打ち切ろうとした時に、反対決議を上げたのも浪江町だった。あの時、馬場(ばば)町長が「どこに住んでも浪江町民だ」と言ってくれたことが、国に棄てられたと思っていた私たちにとって、本当に救いだった。(語り　2020年12月)

郡山でスクリーニングに3時間並び、そこで何人もの人が体調不良に

みずえ　15日、全町避難で、午前10時全員撤収と言われたけど、そんなことしてたから、家を出たのは多分午後1時か2時過ぎだったと思うの。雨が雪に変わった。その雨や雪にあたりながら、多分整理してた。それで出ていって、郡山市で3時間並んだ。

アイリーン　それぐらい人がすごかったのね。郡山までどのぐらい時間がかかりますか?

みずえ　郡山まで45分。

アイリーン　2人で乗って。

みずえ　犬も乗せて。

アイリーン　車中、何か会話とか感じたことはありますか？

みずえ　犬が怯えて、どうしても犬の居場所にいなくて、犬がずっと膝に乗っていたのね。息子と一緒に逃げて、犬はスクリーニング受けさせてくれないっていうから、とにかく私が並んで、息子が駐車場の順番待ちをしたの。

　福井県の避難計画のあのいい加減さに腹が立つのね。そんなことができるわけがない。特に福島の事を経験したら、みんな我先に逃げるよね。何が「隣近所合わせて1台に3人乗れ」よ。バカ言うんでねぇわ、って本当に思うもの。

アイリーン　みずえさんのほうが並んで、息子さんが駐車場のスペースを探して。彼もスクリーニングに後で並ぶんですか？

みずえ　彼は車を止めてから電話で「どこにいる？」「私ここにいるよ。ここを目安に来て」って。

アイリーン　で、一緒に順番を待っているわけね。松ちゃんは車の中にいたんですか？

みずえ　そう。松ちゃんは車の中にいた。

アイリーン　スクリーニングを2人受ける時も車の中でワンちゃんは待ってた。

みずえ　終わった時にはもう暗くなってた。

アイリーン　そのスクリーニングの体験はどんなことをして、どんな感じだったのか。

みずえ　並んでいる間に吐いてしまう人、それから気分悪くなる人がたくさん出て、大丈夫かなって思った。「病気がはやってるんじゃないかな」って思うぐらい。こんな体育館の何重にも並んでいる中で大丈夫かなって。何重にも並んでいるじゃない。そこでうずくまって吐き始める人とか、気分が悪くなってしゃがみこむ人、それから倒れこむ人、そんな人を何人も見たんです。3時間の間に。これは大変なことじゃないかって思ってたのね。特に男の人が、こう胸を抱えてしゃがみこんだ時には救急車も来たけど、大丈夫かなあって。

　みんな長いこと車の中に居たりしたから、それで急に動き始めたから、やばいんじゃないかとか、自分の仕事の経験からそんなことを思いながら、並んでた。

放射能測定器の針が10万ｃｐｍを超えて振り切れた

みずえ　で、自分の順番が来て、息子が先だったので、息子を計測した放射能測定器の針が8割方振ったのね。大丈夫って言われたの。その時の私は、針だけを見ていたので、8割振ったのだけを見てたの。頭の上のほうから足の下のほうまで、針は8割の所で止まったの。

次に私は、髪の所で針がピッと振り切れたの。「あれ？」って思った。次に上着も振り切れたの。で、上着没収、上着脱げって言われて、上着脱いだら、その下はそうでもなかった。ズボンはやっぱり8割、足も8割で止まったの。「これ、上限はいくつですか？」って聞いたら、単位は覚えていないけど「10万」って言われた。10万ってなんだべって思ってたのね。後で調べたら10万ｃｐｍ* のことだとわかりました。でも振り切れるって大変なことなんだって。「ああ、私はずっと雨に打たれていたからかな。郡山なのか家なのか、それとも着ていた上着が大熊町で働いていた時に着てたものだから、ひょっとしてあの時、大熊町でもう汚れていたんじゃないだろうか」とか。

*ｃｐｍ（counts per minute）放射線の数を表す単位。
測定器で1分間に計測された放射線の数そのものを表します。衣服や体の表面に放射性物質が付いているかどうかを調べる時の測定器（ガイガー・ミュラー・カウンターなど）で、単位として使われています。シーベルトへの正確な換算には放射線の数（ｃｐｍ）以外に、放射線のエネルギーなどの特定（推定）が必要です。

アイリーン　上着は、大熊町で働いている時に着ていて、それからは1回も着てなかったんですか？

みずえ　はい。11日に大熊町で外で着てたの。寒かったでしょう。吹雪の間中それを着てた。みんなで上着などを順番に取りに行って、それを着てたので、そのせいなのかなあって思った。津島がひどく汚染されていたことを、この時はまだ知らなかったので。
　で、上着を、大きなすごい分厚いビニール袋に入れて返されて「これは1週間経ってから洗えば問題ない」って言われた。後から考えたら、ヨウ素の半減期ってことなんだろうけど。それを返されて「これを持って歩くの？」って思ったのを覚えている。そのあと、岐阜県の姉の所に行くんだけど。

アイリーン　測定器の針が、髪のところで振り切れて、どうなったの？

みずえ　髪を洗えって言われたけど、断水しているのと、溜め水が無いのと、車の除染をしているせいかよく分からないけど、とにかく水が足りなくて「どこか行くあてがあるか」って言われて「姉の所に行く」って言ったら「じゃあそこで洗え」って言われた。

アイリーン　髪の毛は一番最近洗っていたのはいつか覚えていますか？

みずえ　避難の前の日の14日に。で、避難の当日の15日、雨に濡れています。

アイリーン　雨に濡れたのはいつ、どういうふうに濡れたんですか？

みずえ　15日に避難する直前に、家の中の物を出してたりしたでしょう。その時、出かける頃に雨が雪に変わったの。

アイリーン　どのぐらい濡れました？

みずえ　しとしと降ってきて濡れた。そして、もっとずっと濡れたのは、郡山で3時間並んでいる間、ずっと濡れてた。なかなか中に入れなかったので。

アイリーン　そうか、中に入るまでの時間は並んで外に居たのね。

みずえ　1時間半ぐらいは。

アイリーン　スクリーニングを受けるために外で雨に濡れているのよね。傘はさしていましたか？　ほかの人は？

みずえ　私は息子に連絡して、車に傘を取りに行こうとしたんだけど、後ろ見たらものすごい列じゃない。ここではずれたらまた一からだと思って、息子が来るのを待とうと思ったの。
他の人もさしてなかった。雨がしとしと降りだしたけど、みんなも取りに行けなかったと思う。
だから「怖いよね」って言ってたの。「子どもの時に、放射能の雨は怖いって言われたよね」っていうのを前後の人と話した覚えがある。

アイリーン　並んでいる間に。

みずえ　でもその人はそんなに緊迫感がなくて「子どもの時は水爆実験がひどかったもんね」みたいな話をしてたような気がする。全然その時の緊迫感ってなかったと思う。

県はスクリーニングの記録を残さなかった

アイリーン　上着と髪の毛は、測定器の針が振り切れたけど、振り切れだから、どのくらいオーバーしているか分からないのね。

みずえ　分からない。そのあと県の情報を見ると、全県で振り切れた人は5人しかいないの。でもそんなわけない。だって針が振り切れた時に、計測している人から「どこから来た?」と言われて、私が津島だというと、その人が係官に向かって「振り切れた。また津島」って叫んだの。津島っていうのは私たちの地域、汚染が濃かった所です。体育館の中に入ってから、計測を待つ間に、実は何度も「また津島」と言う声を聴いていたんです。なので、この時に「また津島」ということは「また津島から来た人が振り切れた」ということなんだと、わかったんです。だから、5人しかいないとはとても思えない。
福島県知事、今の県知事だけど、あの時、総指揮を執っていたのは副知事だった彼なの。彼は官僚だから、記録を残してはいけないということは知ってたんじゃないだろうか。この時の県の責任者は当時の副知事、今の県知事で、当時民主党政権だった国の救援の要請も無視していたと私は思う。

だって、SPEEDI* だって消しちゃったもんね。なので、名前も聞かれなかったし「どこから来た?」しか聞かれなかった。

*SPEEDI（スピーディー）緊急時迅速放射能影響予測ネットワークシステム（System for Prediction of Environmental Emergency Dose Information、通称:SPEEDI）。原子力発電所などから大量の放射性物質が放出されたり、そのおそれがあるという緊急事態に、周辺環境における放射性物質の大気中濃度および被曝線量など環境への影響を、放出源情報、気象条件および地形データを基に迅速に予測する。事故後の5、000枚以上の試算結果は「無用な混乱を招く」などとして一般には非公開とされ、福島県は各自治体の住民避難の計画のために活用しなかった。多くの住民が放射性物質の飛散方向と同じ方向に避難し、非公開は批判された。2014年、原子力規制委員会は、緊急時における避難や一時移転等の防護措置の判断に、SPEEDIを使用しないことを決定した。

アイリーン　福島県で針が振り切れたのが5人って聞いたのは新聞で?

みずえ　そう、新聞で。全県で5人と。でも「また津島」って言ってたから、複数、私以外にもいたということだと思う。だから全県で5人というのはあり得ないと思う。名前も聞かれていないし。悔しいなと思って。

アイリーン　記録としては、５人はどの日のどの検査場かということぐらいは、データが分かるはずですよね。

みずえ　国はスクリーニングの結果を残さなきゃいけないのよね。原発事故時の手順の中にそう書いてあるはずだし、国がそれを指示していたはずなのに、福島県は残していなかった。名前を聞かなかった。

アイリーン　振り切れたっていう証拠というか記録紙は？

みずえ　何もないです。あの時、福島県民は、許可証がないと、安全だというのがないと、避難を受け入れてもらえなかったのよね。でも何ももらわなかったの。スクリーニングしました、という終了証みたいなのはもらった。

アイリーン　終了証はあるけど、結果は書いてないのね。それに実は2箇所振り切れてたわけね。でも、振り切れてますというものだったら、そのあとの行先でも入れてもらえなかったかも。

みずえ　そうそう。

「あなたたちが逃げてくるから汚染が広がった」と言われた

アイリーン　そのあと、髪の毛を洗ったのはいつなんですか？

みずえ　16日の夕方に、岐阜の姉の所についてからです。姉の家で1泊泊めてもらって。15日はずっと道中運転していたので、お互いに交代して、16日の明け方ようやく長野県に着いたの。高速道路はガソリンが無いので走れなかったから。16日朝、もうガソリンが無くなっちゃうという時に、軽井沢でちょうど6時過ぎにガソリンスタンドを開けている人を見て「ガソリンを入れてもらえますか」って言ったら「どんだけ？」って聞かれたの。「満タン？」って聞かれて。「えっ、満タン入れていいんですか」みたいな。

アイリーン　その時の菅野さんが来た世界は「2リットルしかあげられないよ」とかそういう世界なのに「どのくらい入れたいの？」みたいなことを聞かれるのか。

みずえ　そう。「えっ？　満タンなの、満タン入れてもいいんですか？」って。だって、この間ずっと、並んでも入れられなかったのに。うちのほうはガソリンスタンドに行っても無かったし、なんかびっくりして、違う世界に来たみたいで。

実はその時、夫は岐阜県からガソリンを持って、私の弟と一緒に携行缶を積んでこっちへ向かってくれているところだったの。でも、私たちがどこにいるかわからない。私は携帯の充電が切れて連絡が不通になっていたんです。あの時は、充電器を持ち出すゆとりもなくて。充電器が必要だということさえ気付けなくて、私は充電できなかったんです。夫は私の携帯に何度も連絡していたけどつながらなくて、山道で電波も悪くて、息子の携帯に連絡してようやくつながって。私たちはもともとガソリンが入れられなくて、ガス欠になるのが怖くて高速に乗れなくて、地道を走っていて、自分たちがどこにいるのか、土地勘が無くてよく分からなかったんです。でも、ガソリンが満タンになって、ようやく高速に乗れるようになった。「今ここにいる」って言って「どこで落ち合うか?」って話になって、「じゃあ高速道路の上で落ち合おう」ということになって。

軽井沢から一番近い中央道に乗れるところまで行って、乗って、パーキングに着いたら、スタバがあったの。前の日から食べていないし、おにぎりはかじりながら行ったんだけど、いつもは飲まないのに、キャラメルラテか何かを飲んで。そしたら、バーッて涙があふれたの。「どうして?」って。「どうしてここは普通なの?」って。

昔、私は阪神淡路大震災の時に5日目から安否確認のボランティアに入っていたんだよね。1時間歩いて、東灘(ひがしなだ)の役所に行って、名簿を渡されて、精神障害者の人を中心に安否確認に入ってて、そこから阪神電車に乗って梅田(うめだ)に戻ると、なんてことのない世界なの。なんでもあって。「なんじゃこりゃ」っていう、あの時の感じだった。「なんじゃこりゃ」っていうのと「どうしてここはこんなに普通なの?」って。

棄てられた感の絶望の淵みたいな所にいた自分が、ここに来たらキャラメルラテが飲めるんだよ。そしたら、ラテの上に涙がぼとぼと落ちるわけ。こんな小さなカウンターで。店員さんにしたら不審者よね。そしたら、涙が止まらなくて「えっえっえっ」てなっちゃうわけ。ますます不審者よね。不審がられているし、止めようと思えば思うだけ「えっえっえっえっ」て泣けちゃって、なんか不思議な世界だった。しばらくはスタバは寄りたくなかった。「なんじゃこりゃ」っていう違和感ね。
それから姉の所まで行って、お風呂に入って、髪を洗うのがものすごく罪悪感で。

アイリーン　汚染が流れるから。

みずえ　なんていうか、すごい悪い気がしたの。自分がすごく自覚しているじゃない、振り切れたって。姉の所は自分たちで野菜作って出荷している所だし。そしたら、姉が「何言って、アホみたい」って。「そんなこと言わないで、洗えばいいのに」って。「ここまで逃げてきたじゃない」って、私を慰めてくれた気がした。不思議な気分だった。東海地方のここでは、テレビでも福島原発事故のことを普通に流していて、当人の私たちが知らないのに、姉は私以上の情報を持っていた。私は福島では爆発のような音は聞いていていたけど、ここではリアルタイムで「原発事故が起きた」ということを知っている。その不思議さがあった。これも別世界みたいで。私はもの凄くおびえてるんだけど、姉の所にも全く普通の暮らしがあって、スタバと同じで平穏な世界だったんです。「なんじゃこりゃ」みたいな。

アイリーン　コートはどうしたんですか?

みずえ　コートは1週間外にほかりっぱなしにしてて、大阪に行った時に洗ったかな。それでみんなに言われたんだけど、私が汚染源というのは嫌だったなと。

アイリーン　どういう場でそう言われたんですか?

みずえ　大阪に行った時に、メールくれてた人に「帰ってきたわ、ありがとう、とにかく避難してきたわ」っていうのを言いに行ったの。「今までいろいろ情報ありがとう」って。そうしたら、彼女は私を家に入れなかったの。インターフォン越しに「あなたたちが逃げて来るから、高速道路を通じて汚染が広がった」って言われた。

アイリーン　それは何日のことですか?

みずえ　18日ぐらい。いや、もっと後かもしれない。20日ぐらいまでの間だったと思う。

犬の松子が亡くなったこと

アイリーン　避難する時、犬を抱いていたと言ってましたね。

みずえ　逃げている間じゅう、ずっと犬は膝にいたの。息子と交代して運転してたけど、犬はずっと膝から離れなかった。

アイリーン　その前も犬の世話、足を拭いたりとかはしてたのね。名前は?

みずえ　松子（マツコ）。松ちゃん。松ちゃんは人が好きで、外へ飛び出して行こうとするので、松ちゃんをとにかく外へ出させないようにしてました。あの子たちは裸足なので、とにかく外を歩かせたくなかったです。必死になって家の中へ閉じ込めてました。でも家の中では排尿便しない子だったので、その時だけ外へ連れ出して、用を済ませたら、帰って足をふいてました。ふいた布はずっと玄関のごみ箱に入れていたんです。考えてみれば、あれを取っておけばよかった。それはついこの前、処分したんです。今までずっと置いておいたのだけど。

アイリーン　ずっと置いてあったの。

みずえ　だって捨てる所なんてないから。家にある物はすべてが放射性廃棄物でしょう。この前、家にある当時の物も含めてごみ集積所に置いてもいいという回覧があったので、何も考えずに出したんです。それを浪江町の大型焼却場で焼いていたんですね。「うわー、しまったことをしたな、何も考えないで」と思ったんですけど。あれが証拠だったのに。

アイリーン　ワンちゃんはそのあとどんな感じだったんですか？

みずえ　2012年1月10日に、ケフケフって咳（せ）いて、ちょうどその時、大阪に一旦、お正月だけ大阪に帰ってきてたの。私は前年の6月から仮設に入っていたから。

アイリーン　仮設住宅はどこでしたか?

みずえ　福島県伊達郡桑折町。桑折町って桃の産地なんです。そこからお正月に一旦大阪に行ったんです。でも私は、大阪に行く度の違和感が嫌で、なんとなく行きたくなかった。福島から行くとあまりにも違う世界で、乖離がすごく大きい。日本海側を通るのが近いんだけど、行く途中、たくさんの原発を通って行かなきゃいけないわけ。まず新潟の原発があって、それから福井の原発を通っていくわけでしょう。それが気持ち的にしんどくて。でもそこを通らない、山梨などを経由する中央道を通っていくと遠いのね。2時間ぐらい遠くなる。で、ごちゃごちゃ言いながら、息子に「どうするんや」って言われながら「大阪に行こうか」って言って、で、大阪へ来て。

松ちゃんも一緒に連れて来てて、なんか元気がなかった。それは夫の所にはものすごいしっかりもんの猫がいて、松ちゃんをいじめるので。松ちゃんなりに気を遣っているのかなって思って。松ちゃん、あんまり気遣っているから帰ろうかって言って、7日に大阪を出たのね。

ケフケフって変な咳をするの。「いや、松ちゃん、またそんな気を引いて、もう大丈夫よ」とか言ってたわけ。今まで咳いたことなんて何にもないし、猫にいじめられている間、猫は私になついていたから、犬をかまうとすごく犬を攻撃してたのね。だから、悪かったなあって。そしたら、ケフケフって咳く。変だよね、松ちゃん。今まで全然健康に問題がない子だったので。

途中まで帰ってきて、新潟県に入った時に、おしっこに降りたのね。パーキングで歩き出した途端に、ゲホッって咳いたら、もうパーキングの雪を血だらけにしたの。あれぇって。それから帰ってすぐにお医者さんを探して、連れて行ったら「すぐ入院させましょう」って言われて「とっても臓器が傷んでます」って。「臓器じゅう血だらけなので、抗生剤でちょっと様子見ましょう」と。「とにかく検査した方がいいので」と。そのうち血尿も出してて。「すごく弱ってます。とにかく預かった方がいいです。このままだったら今日分からない」って言われて預けたのね。「新しい抗生剤を使ってますので、それで血液の値が元に戻ってくれたらいけると思います」と。マダニでよく血小板減少症になるんですけど「この子はマダニのウイルスも何も持っていません。原因は分かりませんが、血小板減少症です」と。

「先生、被ばくとの関係はどうなんでしょう？」って聞いたら「人間に関するデータも無いのに、こういう小動物に関してのデータなんか何もありません。だから被ばくのことは言えません」って言われて。血小板減少症をずっと調べたら、広島の入市（にゅうし）被ばくの人に血小板減少症がたくさんあるってわかった。

先生が「この子は毛があるので分からないと思いますけれど、この子、多分、内出血かなりしていると思います。臓器じゅうすべてから出血してます」って。

でも、なんであの時、病院から連れて帰らなかったんだろうって、後から思うのね。松ちゃんは「連れて帰って、連れて帰って」って、オリから出てきてもう必死だったの。「今は新しい薬を使っているから、松ちゃん、これでよくなるからねって。そしたら、今日は連れて帰れないから」って言ったら、松ちゃん、フーンって鳴いて、一番奥へ行って、もう出てこなかったの。あの子、死期を悟っていたんじゃないかな。そして見棄てられたと思ったんじゃないかと、思い出すと辛くて。なんであの時連れて帰らなかったんだろうって。その晩、死んだとしても、なんで抱っこしてやらなかったんだろうと思って。それも後々しんどくて、申し訳ないことをしたなって。

次の日、10日なんだけど、連絡があって「危篤ですからすぐに来てください」って言われて。その時が午後2時半ぐらいだったの。一旦職場に戻って、報告書を書くことになってたんだけど、ペア組んでた人が「もういいよ、あんたを病院まで送るから、あんた私と一緒だったことにするから、ここで早退して会社に電話しな」って言ってくれて。病院の玄関で会社に連絡して、病院の中に入ったら、もう目が開いていて、もう多分死んでいるのに、私が来るために呼吸器をつけてあったという感じで「もういいです。すごく頑張ったので、もう楽にしてやってください」って言って。おむつしていたんだけど、おむつが血だらけで、目も充血してて、なんてかわいそうなことになっちゃったんだろうと思った。

松ちゃんは3時に死んでいたので、息子に連絡したら、息子は「仕事をすぐ早退して行く、浪江の家へ連れて帰ろう」って息子もすぐ言って。あの頃は浪江の家は一番線量が高かったところだけど、20キロ圏外だったので、入ることができたの。ちょうどその時、浪江のうちの家はモデル除染をしていて、重機が入っていたので、汚れていない所まで掘ってもらって、中に埋めてやろうよって。火葬場で動物も引き受けてくれてたんだけど「この子を焼くなんてできないわ」って言って。作業員の人に「お犬様か」って言われながら、重機ですごい深い穴を掘ってもらって、桜の根元に埋めたの。

実は、松ちゃんが死んだ直後に「解剖してもらえないか」って頼んでいたんだけど、「犬の解剖をしてくれる所はない」って言われたの。私、検査するのにたくさん必要だということで、松ちゃんの毛をかなりたくさん切って持っていたの。おなかのあたりの長い毛を。かたきを取ってやろうって、絶対に松ちゃんの死の原因を突き止めてやろうと思って。ずっと持っていたら、いずれの時かに分かる時が来るんじゃないかって思って。それでずっと仮設で持っていたんだけど、どこへ問い合わせても、調べてくれる所はなくて。食べ物の検査が始まったんだけど、動物の毛は食べ物じゃないから該当しないって言われて。結局1年ぐらいしてから、松ちゃんの毛も、浪江の家に埋めた松ちゃんのところに一緒に入れたんです。でも、よく考えたらやっぱり持っていればよかった。「そんなの、もし放射性物質だとしたら、持って歩いている方が被ばくだろうよ」って息子に言われて「そうだよね、仮設のこんな所に置いていくほうがいけないよね」って言って、「どっちみち調べてくれないんだったら、一番濃い所へ持って帰ろうか」って。それで埋めたんだけど……。

松ちゃんは、もともと2匹で放浪していたところを保護された犬で、1匹は海辺にもらわれて行って、松ちゃんは山のうちに来たの。津波のテレビを見ながら「松ちゃんは2回命拾いをしたね」と言ってたの。でも、原発事故に合わせてしまった。そして、被ばくさせてしまった、病院から連れて帰ってあげなかった、いっぱい毛を切ったのに、それを検査もしてあげられなかった……。ひどいことをしたなって思う。

アイリーン　でも、最後、そのまま入院してたら、もしかしたら回復したかもと思ったから連れ帰らなかったんでしょう?

みずえ　そう。でも、冷静に、被ばくから考えたら、回復するということは有り得なかったんだけどね。だって、被ばく治療なんかしてくれてるわけじゃないんだもん。

アイリーン　でも抗生物質の治療が、もしかしたら効くかもしれないと。

みずえ　その時はそう思ったの。人は動物に本当にひどいことをするんだなって思って。

アイリーン　でもあの時もし家に連れて帰って、その時に亡くなっていたら、入院したままにしていたら助かったかもしれないって逆に思ったかもしれないんじゃない。

みずえ　そう思う。だから、どうしようもないことで、どっち行ったって揺らぐさって思うんだけど。でも、あんな所で1人で死なせたなって、オリの中で。家族だったのにって。いくら後悔してもあのオリの中で死なすよりよかったんでねえかって、すごいそれが辛くて。

今日は連れて帰らないって言った時に、フーンと鳴いて、自分で戻って行って、一番奥まで行って、それから面会時間の間じゅう、全然出てこなかったの。あの子はきっと棄てられたって思ったんだわって。保健所でもらった子だったから。あの子は2回も棄てられちゃったんだわって。

アイリーン　でも、分かんないじゃない。私ひとりで頑張るわって思って後ろに行ったのかもしれないし。

みずえ　そうね。本当にいい子だった。あんなに狭い仮設の中で一度も繋がないで家の中で留守番してたんだもん。

アイリーン　外に出たりしている時に、中で待ってたのね。

みずえ　外に出さなかった。

アイリーン　その時、何歳だったんですか？

みずえ　２歳でした。被ばくした時８ヶ月だったからね。それから1年。あの時にネットで呼びかけたら応えてくれる人がいたかもしれないって後から思うの。犬の解剖をしてくれる人はいないかって。

アイリーン　でも、解剖では原因はなかなか分からないと思う。内部がどうなっているのかは分かるけれど。

みずえ　うん、だから、臓器を取っておけたのにって、今でも思う。保管しといてもらってたら。そんな所はないかもしれないけど、頑張ればどこかで分かったかもしれない。そしたら、被ばくのせいなんだって。

アイリーン　すごく深く埋められているんですか?

みずえ　うん、重機で掘っているからね。

アイリーン　骨に蓄積はあるのかな。でも、まわりの土がどうなっているかとか。

みずえ　線量が高い所だしね。浪江町の私たちのところは、帰還困難区域になっているしね。

２０１６年６月のインタビューを終えて

菅野　みずえ

この原発での避難のつらさを他人に伝えなかったら、自分も加害者になってしまう。原発の被害で避難することは、津波の被害とは違うと思う。仮設へ避難をして言われたことにはうちのめされた。健康不安もある。いろんなことを孫に伝えられない。２０１１年までと全く違った暮らしをすることになった。転勤とは全く違う。住み続けたいのに住み続けられない。幼馴染も、知っている人も近くにいない暮らし。

中高生で被災した子どもたちはもっとつらかったと思う。親よりも大事な友だちと切り離された子どもたちがどうやって自分というものを育てていくのか、すごく大変な事だっただろう。放射能のことだけでなくて、ちょっとしたイントネーションとかでからかわれたり。つらかったと思うけど、自分のつらさを言わない子もたくさんいただろう。

原発立地の人たちには、こんなつらいことになるんだよということを、とにかく伝えていきたい。関電は東電と同じ思想で原発を運営していると思う。大きな声でとにかく人に伝えていかなければ。伝え方も未熟で、伝えるのは難しいけど、伝わってないこともあるけど、私たちの暮らしのしんどさを伝えなければと思う。

本当に何気ない事なんだけど、あそこに行ったらこれが食べられるとか、必要なものはここにいけば、という見当が全くつかなくなる。言葉も味も違う。どこの美容院に行ったらいつもの髪の毛になるのか分からなくて困ると思う。

自分で選んでそこに行くのではない。避難所から仮設へ。そこに行くしかない。明日の暮らしが分からない。

原発事故で避難するということは、自分で選べない。自分の人生を作る権利を奪われてしまうようなことだ。

一人ひとりの人生は違うのに、苦労が一様というのは変だ。それまで築いたものを奪われる。浪江町では自分たちがなぜ逃げるのか誰も知らされなかった。自分たちのことは何も知らされない、そういう3、4日を過ごさせられて、私は一度家に戻ったけど、避難所で家にも全く戻れずに更に避難させられた人がたくさんいる。私の家に戻る道は、2013年3月31日、道のバリケードに金網の扉の門が作られ、カギをかけられて、家に戻る道が閉ざされた。そしていちいち、管理者を呼んでカギを開けてもらって……。

一番分かってほしいのは、放射性物質は、「みんなに一様に」降り注ぐんだっていうこと。原発賛成でも反対でも被ばくは関係がない。そこのところが分かってもらえていないのではと思う。原発賛成の人も、だからこの被ばくの話を聞く必要があると思う。

暮らしていけないから原発に黙るというけど、廃炉作業で100年は暮らせるはず。事故で大変な被ばくをするほうがいいのか、避難を強いられたりして暮らしていくほうがいいのか。だから事故にあった私の話を聞いてほしい。そして私は、とにかく一所懸命体験を話して、反対を訴えていこうと思う。

避難した時、「賠償金があるからいいでしょう。そのお金は私たちの税金よね」と言われたのはつらかった。賠償されなければならない事実があるのに、そしてそのお金で済むようなことではないのに、「お金をもらって、税金で生活している」というふうに言われたことがつらかった。私は自分で働いて税金払っても来ているから言い返せもするけど、若い人、子どもたちは言い返せずに、閉じこもった人も多かったと思う。

被ばく量が全く分からない。国や県が把握していることまで隠されていることに怒りが沸く。スクリーニングの値を持っているはずなのに、それを出さない。私のスクリーニングを受けた体育館の記録が、ヨウ素の半減期が過ぎるまでの8日間だけ消えている。

2016年以降の4年近くのみずえさんのこと

藤井　悦子（アジェンダ・プロジェクト）

このインタビューの直前、みずえさんは甲状腺がんになって手術を受けていました。2015年2月に福島を出る時の検診では異常はありませんでした。しかし、この2016年2月の避難者検診で発見されました。3月に受診し、「ほっておけないがんなので、すぐに手術しよう」と言われて、4月中に手術。その後も定期的に検診を受けており、ホルモン剤を飲み続けています。

みずえさんは現在、福島原発事故に関する裁判を闘っています。原発賠償関西訴訟の原告であり、名古屋の老朽原発の廃炉を求める裁判の原告でもあります。また2020年7月には「コロナ禍の中では原発を止めておけ！仮処分」の申立人となっています。

避難計画を案ずる関西連絡会のメンバーとして、国や、関西・福井ほか各地の自治体への申入れに参加し、また原発立地近郊の住民からの多数の依頼に応じて、東電・福島第一原発事故の避難に関する報告・学習会・講演会などを続けています。

浪江町の家は、2013年の国の新しい区域編成によって、帰還困難区域となりました。2017年12月に「特定復興再生拠点区域*」のエリアに入ってしまい、2021年解除を目指して除染が進められています。家の全てが放射性廃棄物となるので、一定期間内に申し込んで許可されたら、公費で、復興費用を用いて、解体・撤去されますが、それ以降になれば解体・撤去費用は自費で、それに加えて放射性廃棄物としての取り扱いをするための費用750万円程度が更に必要となると言われています。通り門・稲こき場・蔵については現在申し込んでおり、母屋は維持するつもりです。築190年以上は経っているとされる母屋は、事故の8ヶ月前にリノベーションして完成したところで、あと100年はもつと言われているので残す予定です。

＊福島復興再生特別措置法の改定（２０１７年5月）により、将来にわたって居住を制限するとされてきた帰還困難区域内に、避難指示を解除し、居住を可能とする「特定復興再生拠点区域」を定めることが可能とされ、２０１７年から翌年にかけて複数個所が定められた。（地図２参照）

おわりに

毎年3月が近づいてきたら気持ちが不安定になってしまう。

松ちゃんは本当に賢い犬だった。人間の子どもみたいに。あの時、国が、県が本当のことを教えてくれていたら、松ちゃんは生きていたよね、と今年も家族と話しあった。

結局、「逃げたほうがいい」ということをちゃんと教えてくれたのは、あの防護服の2人だけだった。私たちは本当に見棄てられていたんだ。このことがいちばん、気持ちを不安定にさせるんだと思う。当日の情報の断絶、事実とは全く違う情報、不安、息子を助けたいと思う気持ちや、息子だけを逃がしていいはずがないとか、そういう焦燥感や、良心の呵責にさいなまれている時に、国や県はあの時、私たちを見棄てていたんだ……。

2021年2月　菅野　みずえ

菅野（かんの）みずえ
大学卒業以来、主として生活保護と知的障がい者の生活支援の現場で働いてきた。
夫が親族会議で浪江町の実家の跡継ぎと指名されて浪江町へ。家を修築して8ヶ月で東電原発事故で町ごと避難。二本松市東和の避難所、桑折町仮設を経て2016年夏から兵庫県へ避難。

アイリーン・美緒子（みおこ）・スミス
1950年、東京生まれ。京都市在住。市民グループ、グリーン・アクション代表。
写真集MINAMATA（1975年英文、1980年日本語版）をW・ユージン・スミスと共著。「隠れ切支丹」（1980年）を遠藤周作と共著。1980年代初期から脱原発運動に係わっている。コロンビア大学修士（公衆衛生/環境科学）。

編集協力　藤井悦子／アジェンダ・プロジェクト
イラスト　桂織

福祉の仕事で35年働き 東電の原発事故で人生が変わってしまった

菅野みずえさんのお話

インタビュアー　アイリーン・美緒子・スミス
企　画　グリーン・アクション
発行日　2021年3月11日　初版第一刷発行
定　価　1320円（本体1200円＋税10%）
発　行　アジェンダ・プロジェクト
〒601-8022 京都市南区東九条北松ノ木町37 - 7
TEL・FAX 075-822-5035　E-mail agenda@tc4.so-net.ne.jp
URL https://agenda-project.com/
発　売　星雲社（共同出版社・流通責任出版社）
〒112-0005 東京都文京区水道1-3-30
TEL 03-3868-3275　FAX 03-3868-6588
印　刷　㈱コミュニティ洛南

　ISBN　978-4-434-28728-2